木工基础手工具

郭子荣 著

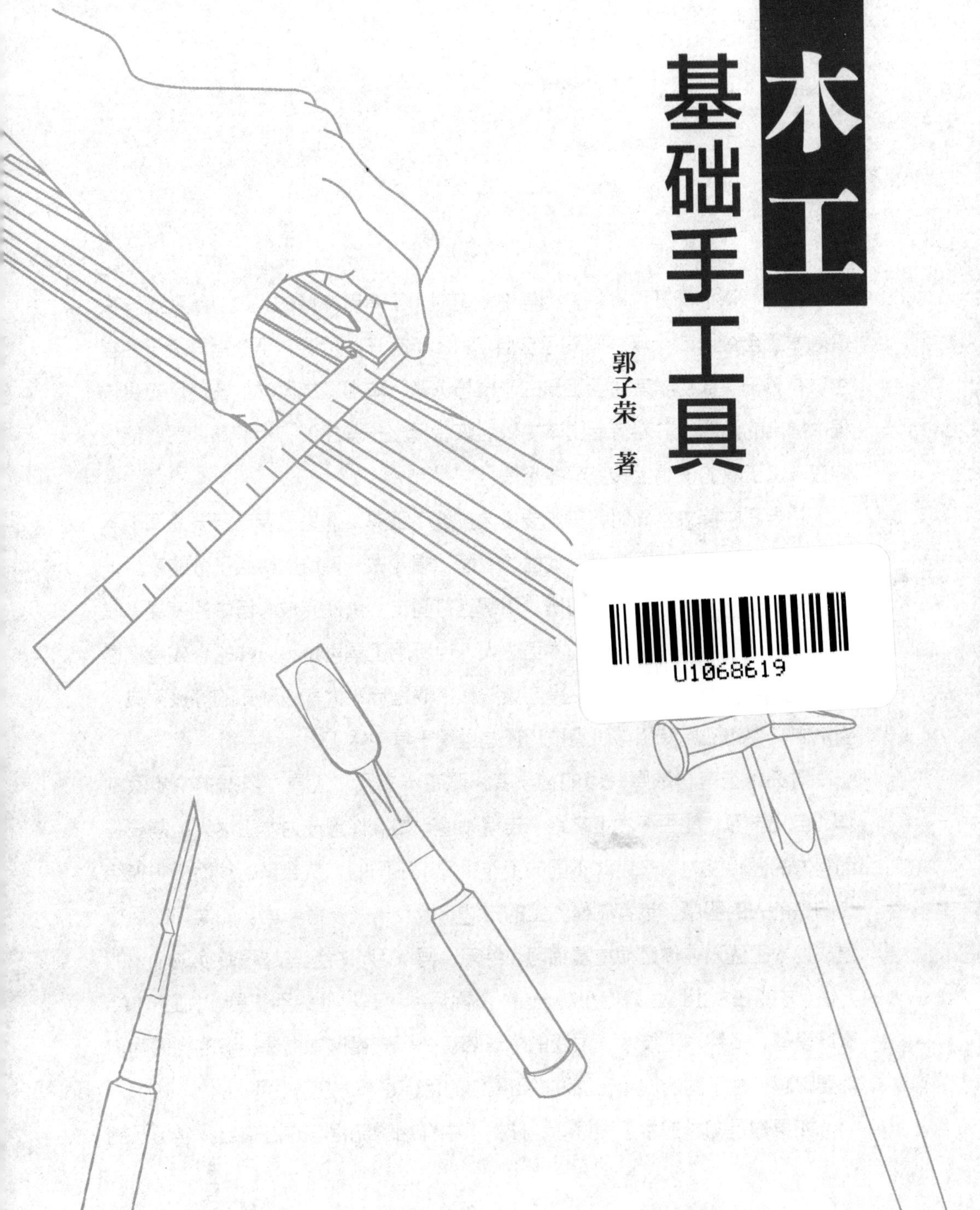

江苏凤凰文艺出版社
JIANGSU PHOENIX LITERATURE AND ART PUBLISHING, LTD

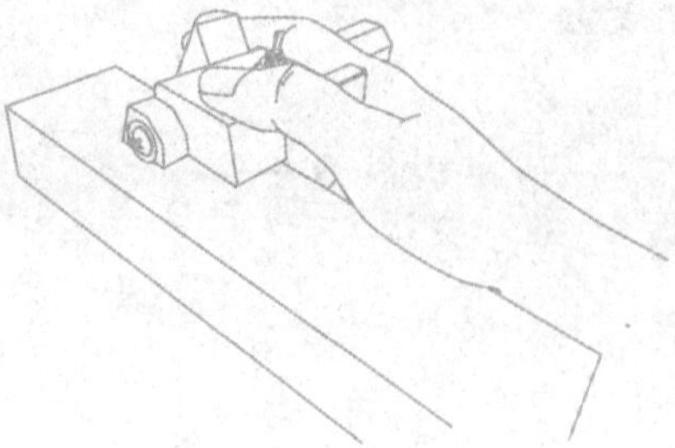

前言

首先感谢你翻开这本书，相信你一定对木工有着浓厚的兴趣。从我第一次接触木工至今已二十年，期间包含自 2013 年起开班授课，至今指导近千名学生。有感于多数初学者对手工具的恐惧与逃避，本书集结同学们在使用工具过程中提出的问题，并期待借由本书对后来者提出一些建议，相信阅读后，能使你在木工工具的使用上转变某些想法。

初学者刚接触木工时，首先要学会挑选手工具。你是想着自己要盖间小木屋，想要装修家中的天花板、地面、壁面，想要做一件可以传给子孙的家具，还是仅仅想拿起锯子，锯锯切切、用螺丝钉固定，快速完成心目中的家具？以上每样需求都可以促使你成为木工达人，但所用工具可是不一样的，或有相通却是大不同。书中所介绍的工具与技法，主要是针对大家较熟知的榫接家具，当然内文中的工具使用与研磨技巧还是通用于其他木工。

对细木工有着浓厚兴趣的初学者，照着本书买了工具，依据书中步骤制作、自我学习，能否在木工之路中走得顺遂？如果你想成为木工达人，需要强而有力的逻辑能力，来应对不同的工作状况、不同的木头数量，然而书中能给你的是前人的智慧、笔者制作木工的方法，以及一些参考数据。如果你的目标是成为木工达人，你必须重复练习、练习、再练习，将这些过程转换成个人的方法，才能在木工路上跨出小小一步，然而后续还有其他的手工具、木工机械、量产设备、多种木工技术、艰深的木料知识……光靠这本书是不够的，因为你需要跨越各种不同的坎儿，加油！如果你的目标是将木工作为职业。

如果你是初学的木工爱好者，依据书中介绍的流程与方法来自我学习及制作，虽然可以按部就班地学习，但是图文中所说明的刀具锐利度与需施加的力度，单靠本书仍然无法很明确地向读者表达清晰，建议在学习过程中与有同样爱好的人交流讨论、互相有个参照，若是有木工前辈可以询问，则更是完美。如果可能，利用空闲之余找专业的木工学习班学习，老师可以明确地将他的感触、技法传授于你，再将本书当作平时练习时查找数据的工具书，就算仅仅是一个木工爱好者，假以时日也可以做出非常美丽且精密的榫接家具。

刨、锯、凿、切动作中所使用的每样手工具都非常锐利，操作的动作方法尤其重要。正确的做法可以减少危险状况的发生，书中也会提醒需注意的事项，但依据实际操作经验，很容易做着做着就开始产生“懒得固定”“想说凿刀轻轻修一下就好”“还好吧！没那么严重”“凿刀不好用，我能用力抵住”等想法。其实每一次偷懒、每一次大意都可能造成使用者受伤，尤其初学者对于工具的手感、木头方向与软硬、自己力量的配比，都还不是非常熟悉，更要注意刀具的使用与安全。

古时学徒出师转为正式木工的时间是三年四个月，这告诉我们木工有难度且需要耐性与时间，所以希望木工爱好者们，不要轻易放弃这条木工之路，过程中要专注于完成作品，屏除杂念、专心在双手之间，体会其中的动与静。制作时会犯错、会有困难、会有瓶颈，当你突破完成时，会拥有极大的成就感！这就是你我心中的木工梦，欢迎踏上木工之路。

著者

2019 年 1 月

目录

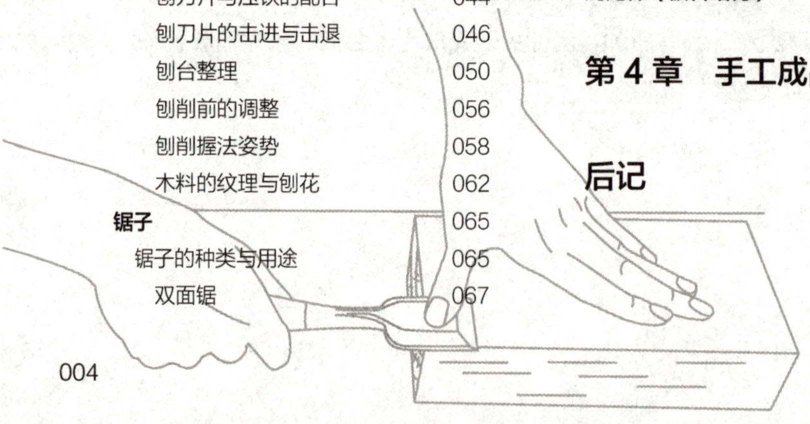

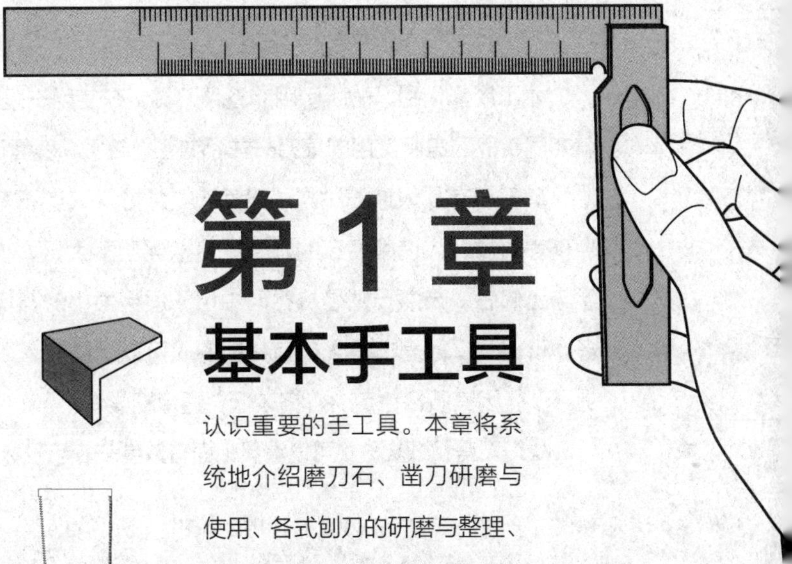

第1章 基本手工具

认识重要的手工具。本章将系统地介绍磨刀石、凿刀研磨与使用、各式刨刀的研磨与整理、锯子种类、量度、画线等基本手工具的特性与使用时的动作与注意事项。

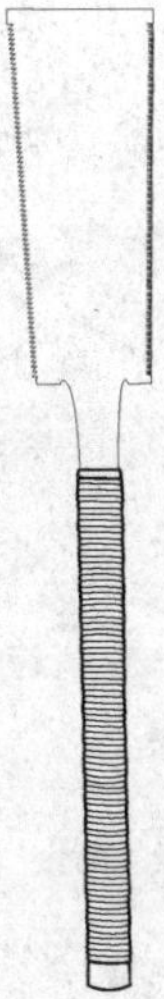

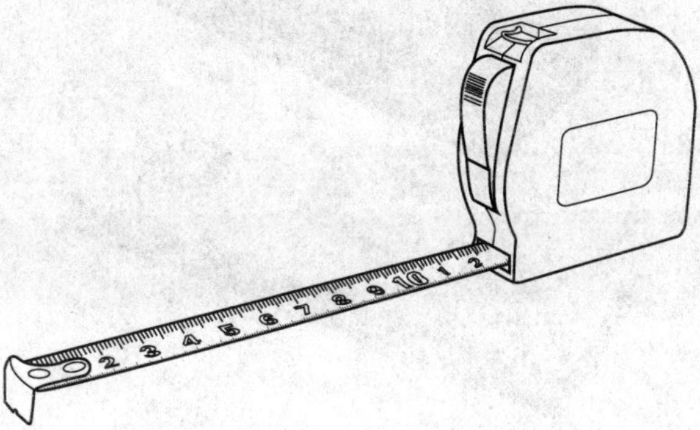

◆磨刀石（砥石）

木工刨修、刮、凿所使用的各种刀具，在使用一段时间后会慢慢变钝，变缺，就如同我们厨房所使用的菜刀一样，钝了、缺了，就需研磨，而研磨就需磨刀石。

磨刀石有“人造石”与“天然石”之分。人造石有合成石、钢板钻石贴粒、玻璃等材质，人造磨刀石的好处是价格浮动不大、大小相同、质量稳定，适合初学与进修者。天然石则是从石矿中切下适当大小的石块，因产地与材质种类非常多，价格高低落差非常大，有兴趣的人可以继续深入研究。而本节主要介绍“人造石”，因其质量稳定、价格较低，适合初学者。

磨刀石有粗细之分，可以看见上面有数字来表示号数。号数越小，磨刀石越粗，号数越大越细。磨刀石越粗，研磨砥力越大，从而刀具消减快，但研磨面较为粗糙，锐利度不足，所以研磨需从粗到细，让研磨表面直到光滑。初学者只需1000号（粗）与6000号（细）两种磨刀石。

建议初学者使用磨刀石 1000 号（粗 / 上图）与 6000 号（细 / 下图）

◆◆磨刀石整平

研磨、平凿与平刨前，必须注意的是磨刀石的平整。磨砥刀具的磨刀石会随使用次数的消耗变得不平，而研磨刀具时因无法使用到整个砥石面，慢慢中间就会凹陷，所以不管是新的还是旧的磨刀石，一开始皆需要测量平整度。可使用直尺确定平整，用手或布将磨刀石测量面的水拨开，对着光源处看，紧密贴合就表示平整，如果不平整，会有长向凸与凹、短向凸与凹的状况。

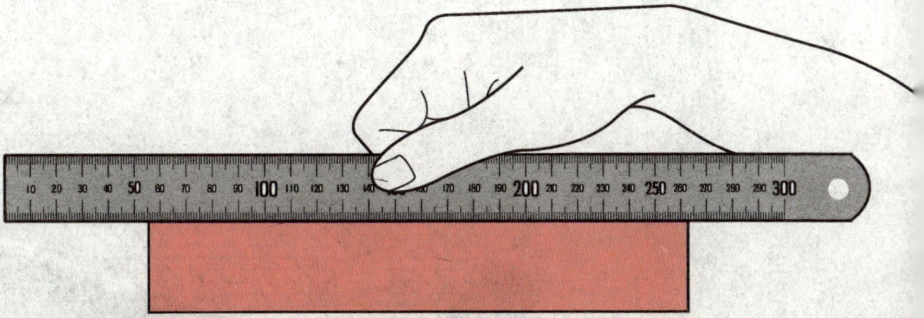

使用直尺确定平整

这些不平整状况，使用人造石与天然石都会产生（钻石磨刀石在购买时就需注意平整度）。发现这种状况就要处理，一般需要以磨刀石整石来整平，笔者使用过两种磨刀石整石，以下介绍给各位比较。

一、把钻石磨刀石当整石

钻石磨刀石当整石，不必担心整石变形状况发生，但必须确保钻石整石是平整的，钻石砥石铁制部分，用完需要上油保养避免生锈，钻石砥石使用一段时间还是会降低磨石砥力，尤其又同时拿来当整石的话。

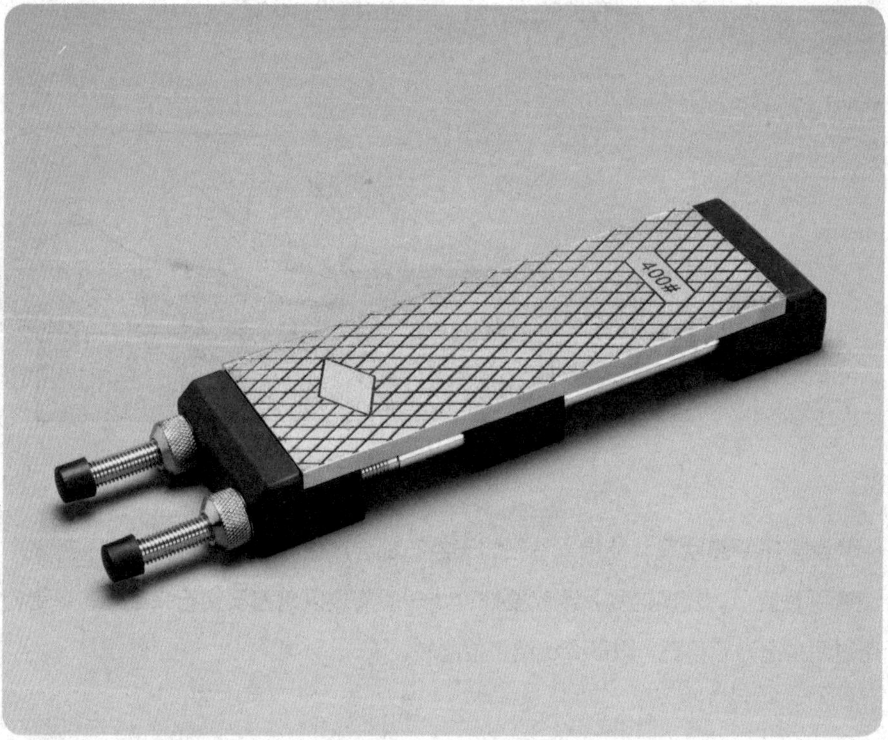

钻石磨刀石

二、把同号数的粗磨石当整石

利用粗石与粗石互整，达到两两平整。细石也可用另一平整粗石整平，但在整平过程中，慢慢会使整石也变得不平整。

接着告诉大家如何整平磨刀石，如果磨刀石不平整而另一块平整的话，经由研磨后容易发生两块都不平整的状况。

如果长向不平，研磨时应该让凸的地方对上凸的地方，研磨行走路径不用太长。等大致上平整后再走长一点的路径，直到两块都平整为止。

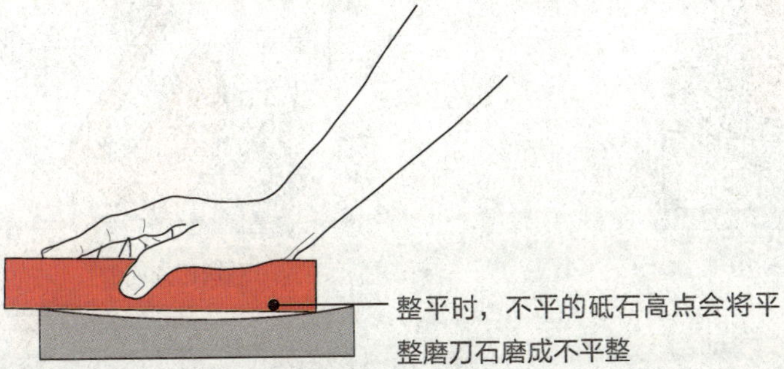

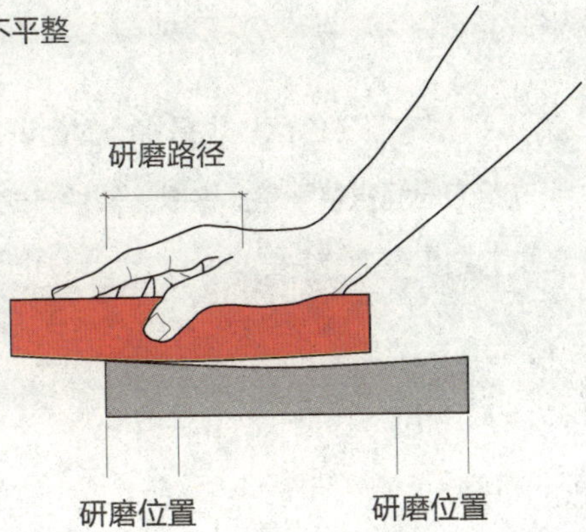

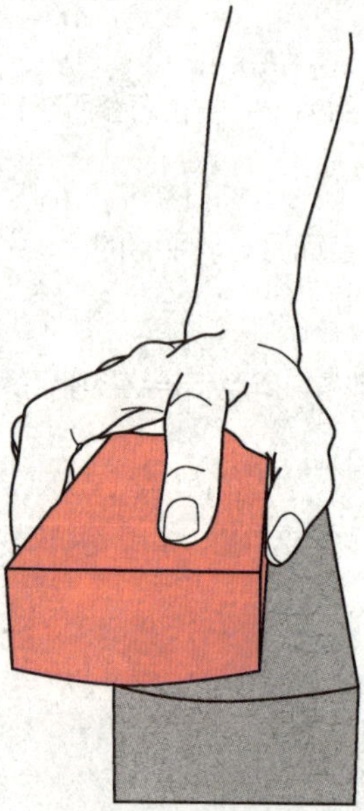

将凸对凸进行长距研磨

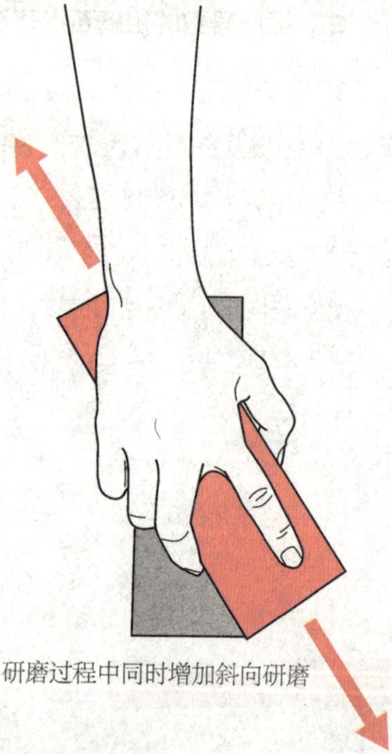

研磨过程中同时增加斜向研磨

短向不平的话，也是将凸对凸进行长距研磨，研磨过程中同时增加斜向研磨，让磨刀石面更快平整。除以上两种方式外，当然还有其他方式可以选择，无论如何，磨刀石平整为第一要素。

◆凿刀

◆◆凿刀的选择与用途

凿刀是木制加工时用来修饰木料、凿削榫孔的工具。凿刀种类繁多，不一一说明，本书介绍的是基础细木工常用的“平凿”。凿刀在购买时可单支或整组购入，购买时须注意刃幅尺寸问题。

例：刃幅尺寸

1.2 寸 = 12 分 = 36.36 mm

1 寸 = 10 分 = 30.3 mm

9 分 = 27.27 mm

8 分 = 24.24 mm

7 分 = 21.21 mm

6 分 = 18.18 mm

5 分 = 15.15 mm

4 分 = 12.12 mm

3 分 = 9.09 mm

2 分 = 6.06 mm

1 分 = 3.03 mm

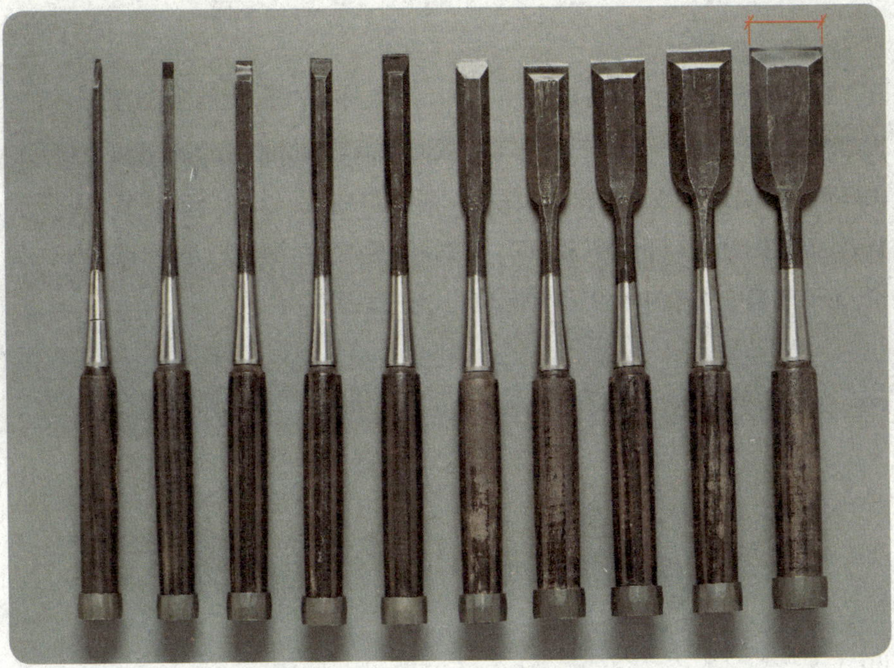

大家可以通过图中的标示了解一下平凿刀各部位名称，其中“钢面”与“斜刃面”是我们后续会一再提起的，也是需要研磨的地方。

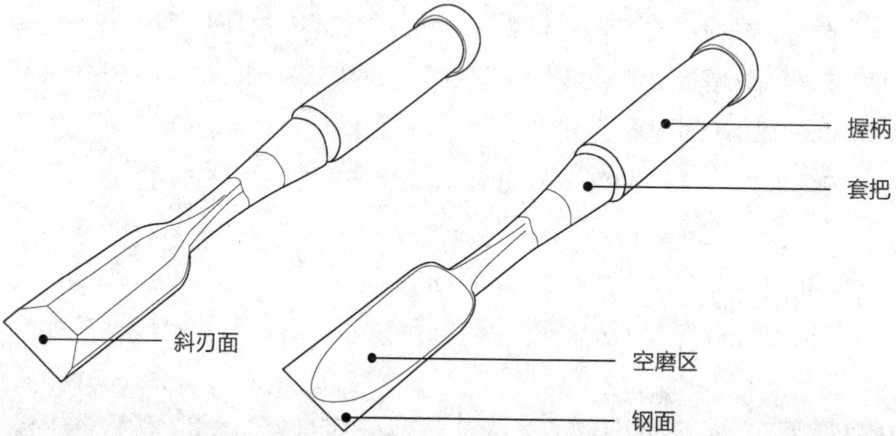

第 11 页照片中为日式凿刀，其制作时，会将两种不同钢材结合于刀刃部分，钢面的钢材坚硬，斜刃面外部的钢材较软。硬钢可以延长锐利使用次数，软钢让凿刀较为好磨，增加凿刀韧性，敲打时不易断裂。两种钢材结合又分为“搭钢”与“包钢”，搭钢为直接贴合，其制作方法较简单，包钢则是用硬钢包着软铁，其制作过程较为复杂，所以普遍来说搭钢的凿刀价格较便宜，也较适合初学者。

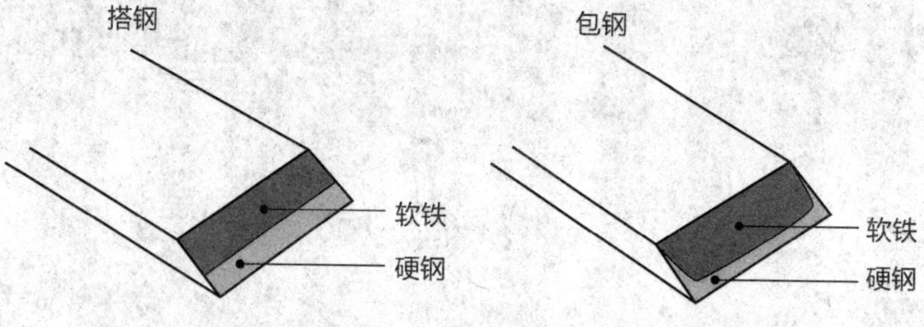

平凿种类非常多，细木工初学时期可先将凿刀分为两种：打凿与修凿。

打凿

刀刃部较为厚实，可耐住铁锤敲击不断裂。凿刀头部有铁环，让刀头受重力敲击时，刀柄木头部分不会开裂。

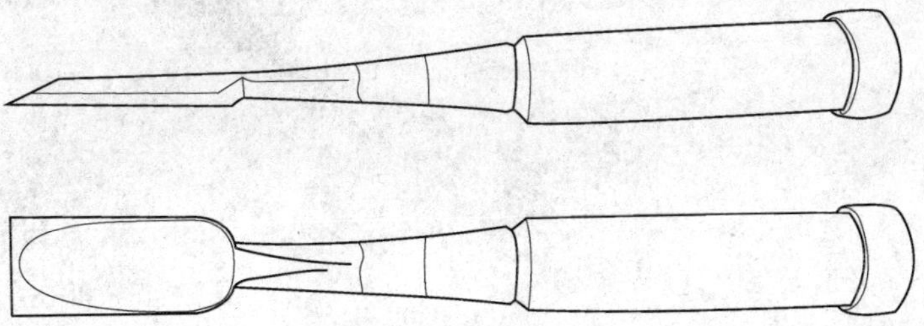

打凿

修凿

刀刃部较薄，可用来修饰较小缝隙。凿刀握柄头部无铁环，修饰细缝时手部施力为主，如以铁锤敲打，刃部容易断裂，木柄处易开裂。

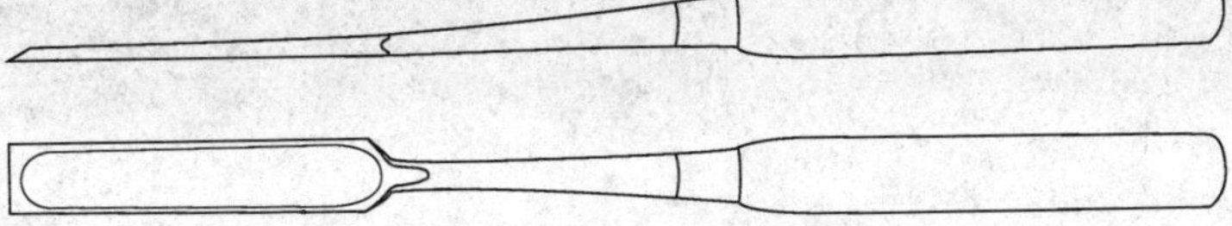

修凿

三角榫凿（斜刃凿）

另一种常用的凿刀，凿修鸠尾榫（详见本书第138页）时会用到，也算打凿，但刀刃不厚实，也不可以过分用力敲打。

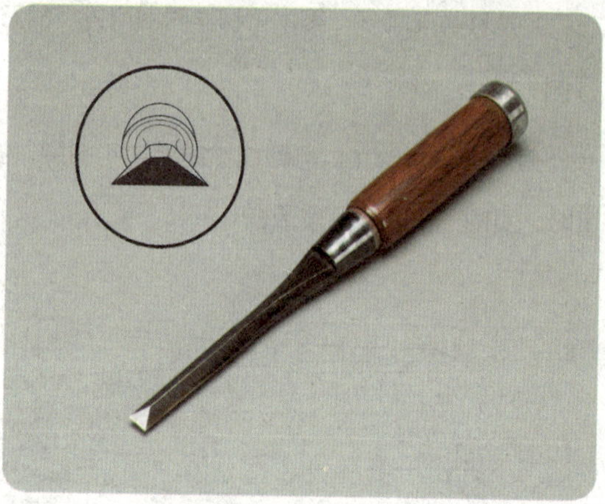

三角榫凿（斜刃凿）、打凿

其刀刃部横断面为三角形，可用来修凿三角榫孔而不使榫壁受伤，三角角落均可修整。

◆◆凿刀的研磨

凿刀的角度

凿刀在使用时会依不同材种的硬度或者是不同的使用方式（敲击或手凿修饰），研磨不同的斜度。凿硬木料（如柚木、花梨木等）或敲击时，会将角度研磨得较大，一般在 25° ~ 35° 之间；凿软木料（如松木、杉木等）时将角度研磨得较小，一般在 20° ~ 25° 之间。通常使用时，将角度置于 25° ~ 30° 之间。如果是用于需完全敲击的打凿，可将角度调整在 30° ~ 35° 之间。可利用本书封面折口所附的“角度定规”，将凿刀置于缺口处，对应密合的缺口来得知角度。

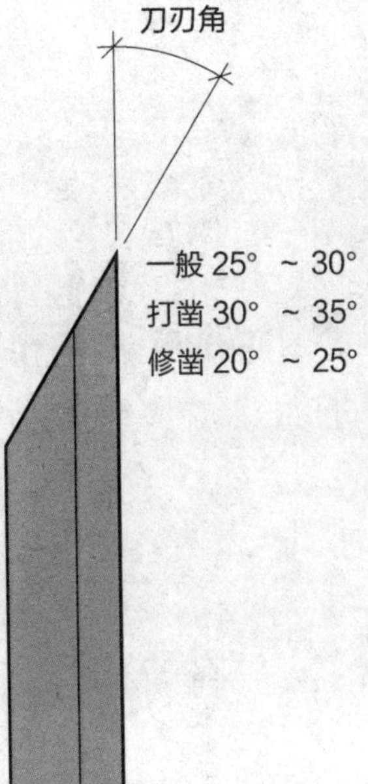

斜刃的平面

刀具研磨过程中，常因研磨时不稳定造成斜刃面出现圆弧状况。研磨斜刃面如需加快研磨速度或修整研磨错误时，可以使用砂轮机，而砂轮机建议使用水磨机（TORMEK）。一般干式研磨的砂轮机使用时易高温，容易“退火”——即让凿刀钢部变质；水磨机为低速水研磨，虽然研磨速度慢些，优点在于好调整、可快速上手，角度易控制，且安全不升温，可自行上网搜寻 TORMEK，有详细的使用说明。

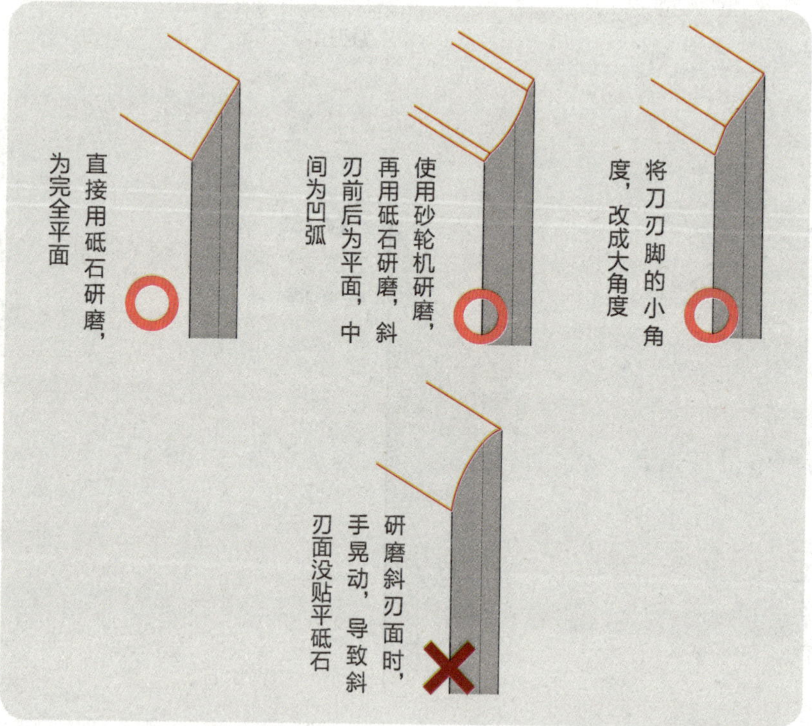

正确与错误地研磨斜刃面

斜刃面钢面倾斜与过度研磨

斜刃面研磨时压制力道不均匀，或使用砂轮机时摆放不正，容易造成刀锋倾斜。而整个斜刃面研磨过度时，则易造成钢面凹陷处破口，正常刀锋与空磨区应距离 2~3 mm。

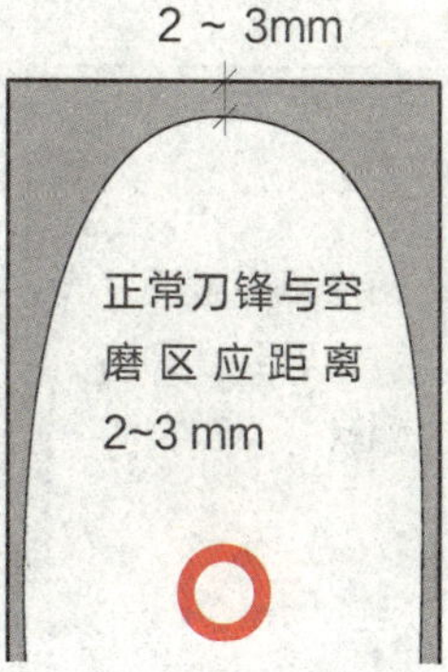

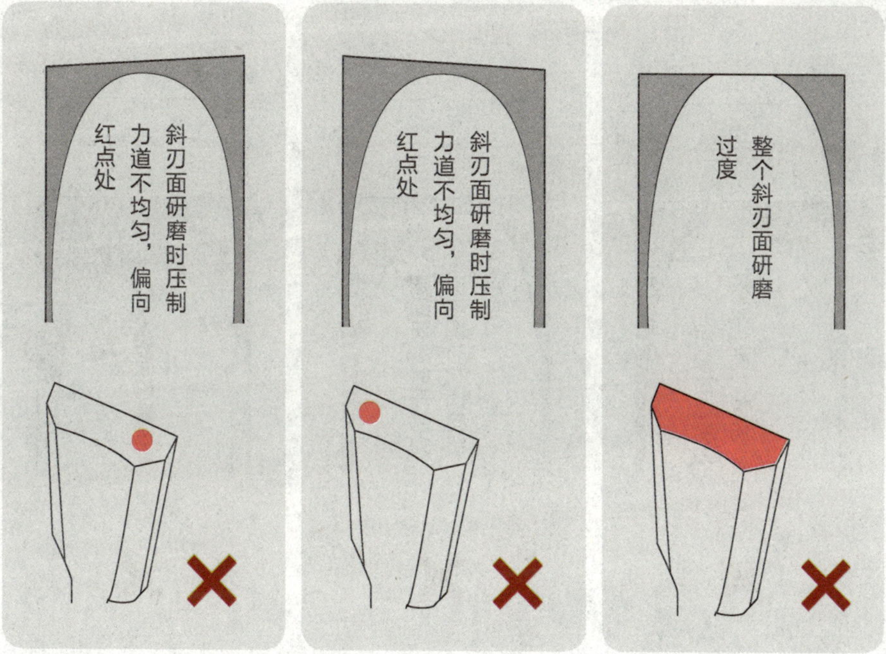

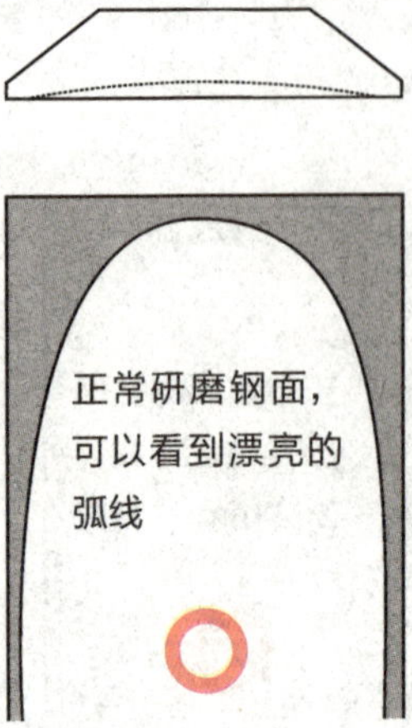

钢面研磨时压制力道不均匀，除刀锋倾斜外也容易形成空磨区凹陷面不均匀，研磨过度则会造成空磨区凹陷处与刀锋距离过大。钢面研磨正确时，可以看到漂亮的弧线，当然凿刀等级不够好时，空磨区制作的完整性也会有影响。

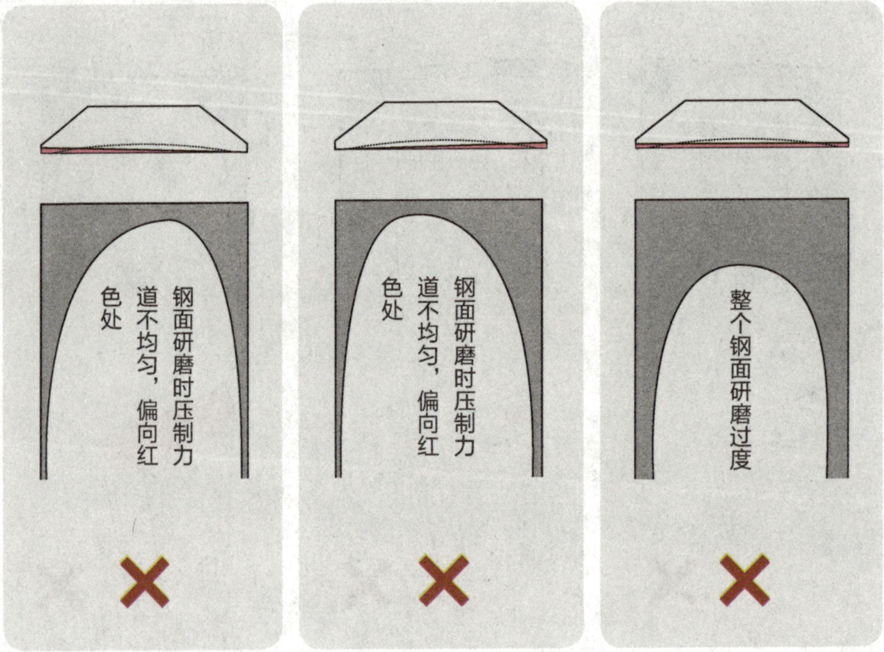

斜刃面的研磨

开始研磨斜刃面与钢面时，再次提醒：磨刀石的平整是非常重要的。将斜刃面置于磨石前须首先注意研磨手势的问题，参照图中介绍，依据凿刀宽窄，有不同手势，将斜面按压平贴于磨刀石，将力量放置于刀锋前端，其他指头只需轻扣住凿刀，手掌要与握把分离，并非抓住握把处。

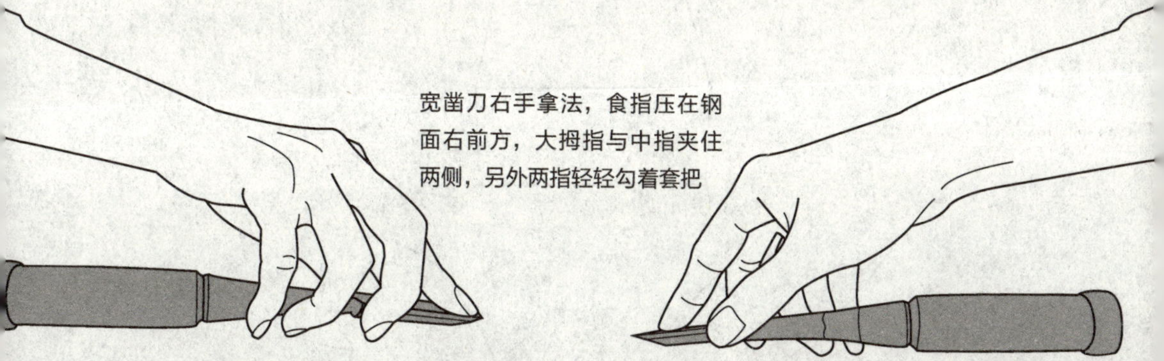

宽凿刀右手拿法，食指压在钢面右前方，大拇指与中指夹住两侧，另外两指轻轻勾着套把

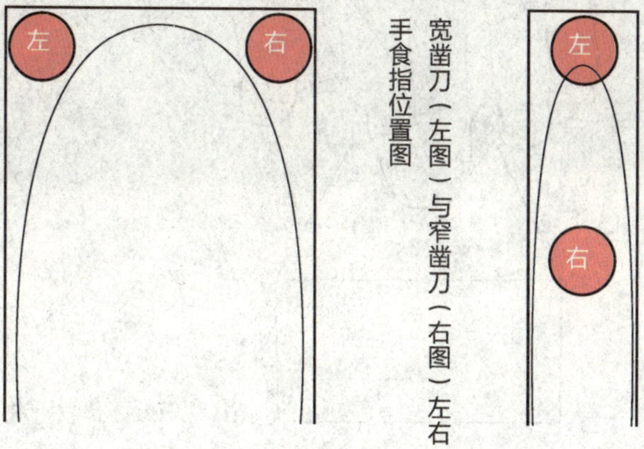

宽凿刀（左图）与窄凿刀（右图）左右手食指位置图

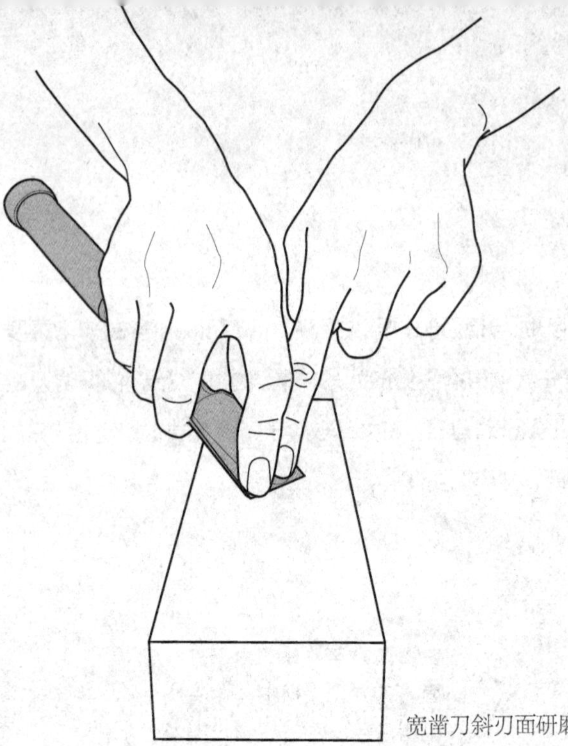

宽凿刀斜刃面研磨手法图

窄凿刀斜刃面研磨手法图

而斜刃面置放于磨刀石的方式如图所示，应让斜面的刀背角先接触磨刀石，然后再压向刀锋处，避免研磨到刀锋处。

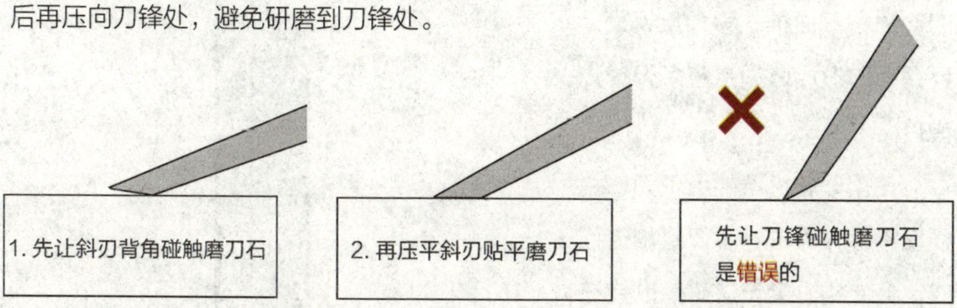

将斜刃面置放于磨刀石后，前推的力道大于后拉：7 ：3 或6 ：4 皆可，但斜面必须平贴磨刀石，研磨路径最好能贯穿整个研磨面。如初学者或小凿刀回拉时无法稳定平贴，可直接前推之后再重新摆放、再前推。最小号凿刀（1 分凿刀）甚至可能前推时都推不动或插入磨石中，则以回拉方式研磨。

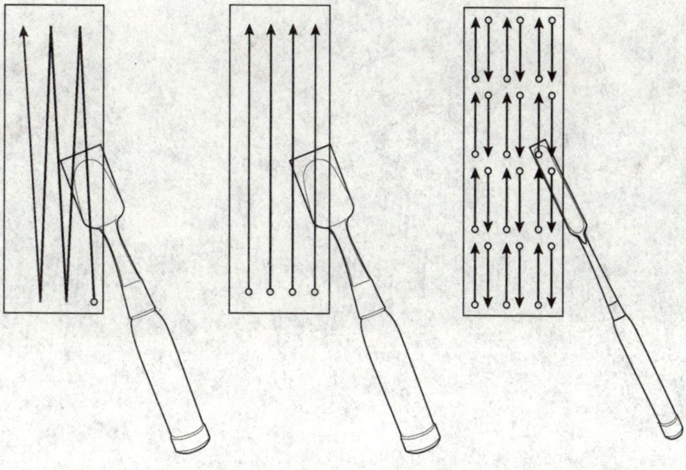

研磨的几种方式（左至右）：前推后拉、前推之后重新摆放再前推、回拉，但务必贯穿整个砥石面

斜刃面研磨时，会将研磨面的钢材往钢面推，称为反钢面，反钢面的形成必须是整条刀锋处皆有。

使用砂轮机可能会使刀锋直线度不够，再进一步研磨斜刃面时，会造成之后无法研磨到完整的刀锋，因此必须确保整条刀锋都有研磨到。

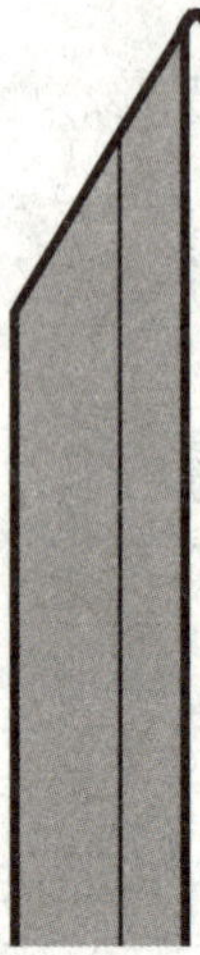
反钢面

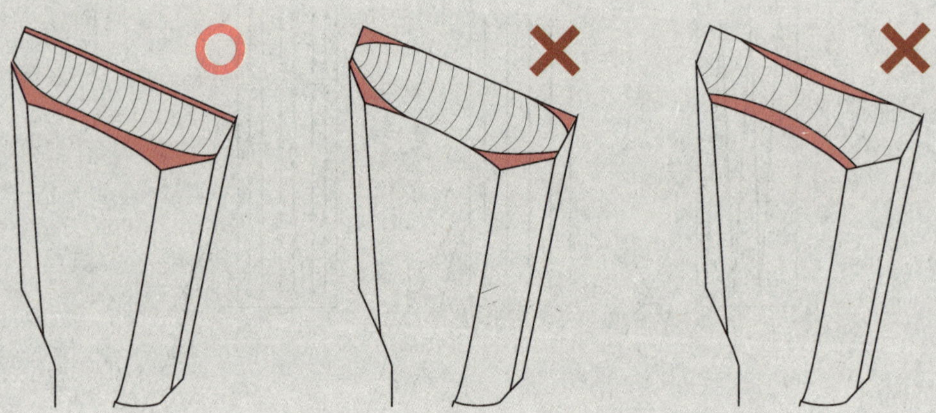
不一定要形成很漂亮的一条直线，但是整个刀锋都需要研磨到

钢面的研磨

钢面研磨需要注意：磨刀石平整，平贴磨刀石，研磨时的移动及研磨手势。

钢面研磨双手手势图

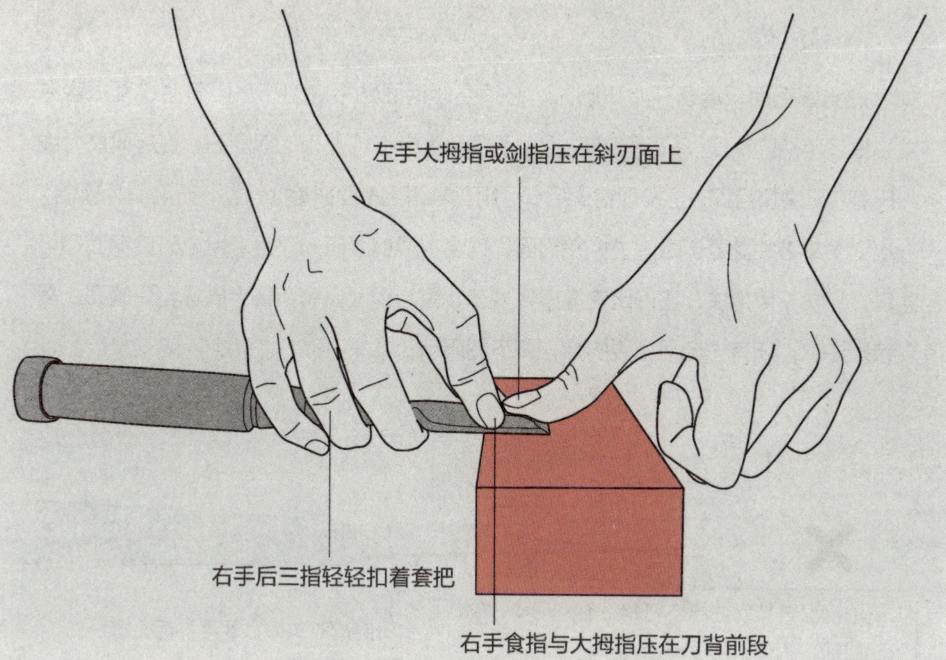

注：食指与中指并拢伸直称为“剑指”。

首先须了解如何将钢面放置于磨刀石上，以避免研磨过程中不小心提起手柄。钢面放置于磨刀石的方式与斜刃面相同，刀锋不可作为置放的支点。

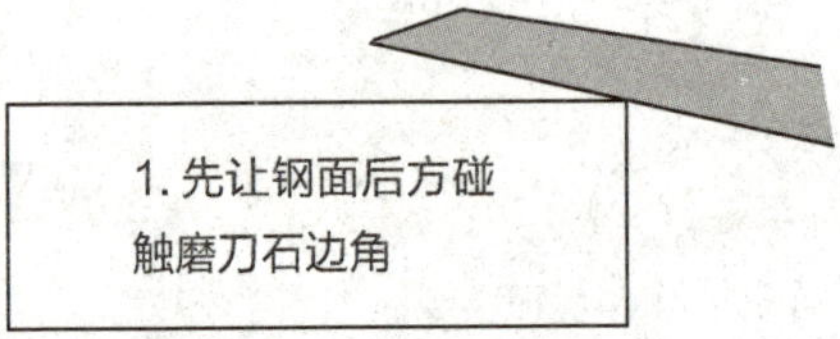

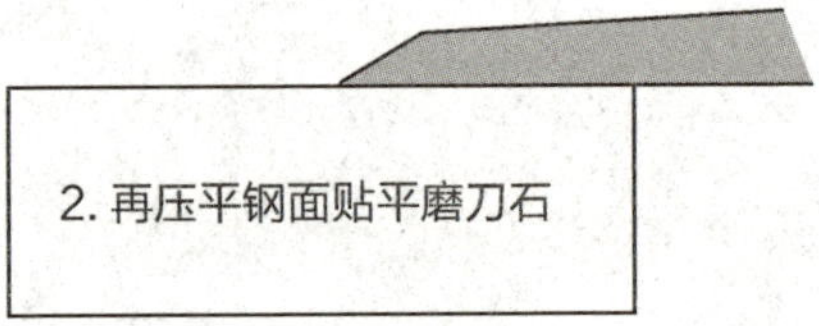

放置好钢面，准备开始研磨时，必须要让钢面贴平磨刀石。因研磨过程很容易发生提起手柄的错误。只要不小心提起手柄，就会造成严重的双斜刃，提起研磨为线状研磨，研磨快且深。当发现错误后，可用正常研磨（面研磨）修整，研磨消耗极慢，一次错误却必须花更多时间去修整钢面，也会造成钢面研磨过度，所以研磨钢面不可急躁。初学不用抢快，正确比速度重要多了，因为钢面研磨错误会破坏整只凿刀，需要特别注意。还有一个很重要的点，如下图所示：

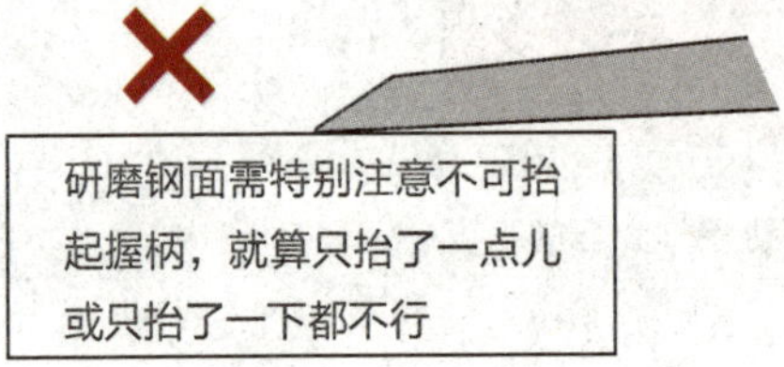

研磨成双斜刃，要再将钢面磨平，费时费力

研磨过程需要注意左右移动，如果将钢面直接放置研磨而没有左右移动，会使钢面极易形成阶梯般凹陷、空磨区曲线不完整的状况。更重要的是，后续使用磨刀石时，放置超过后段时易形成双斜刃的状况。

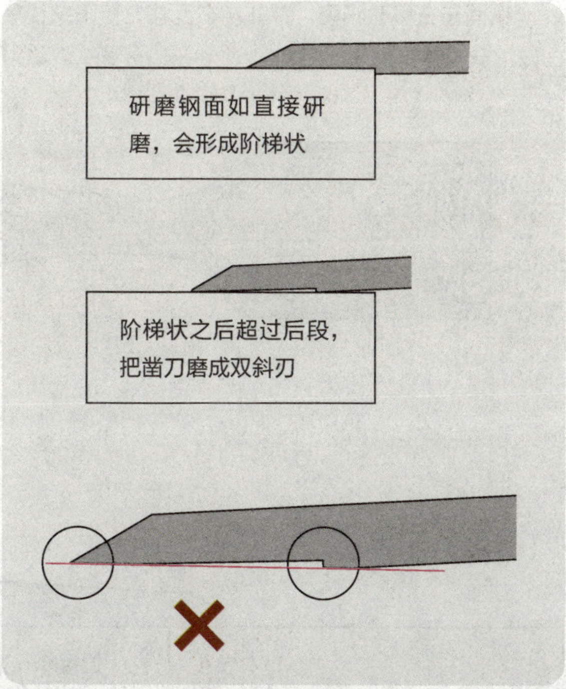

钢面研磨所形成阶梯状凹陷，从钢面可以看出，原本所应呈现的漂亮的抛物线会变成葫芦状图形。

钢面左右移动研磨，并非左右乱移，接下来讲解研磨方法，大致可将钢面分为三区来看：

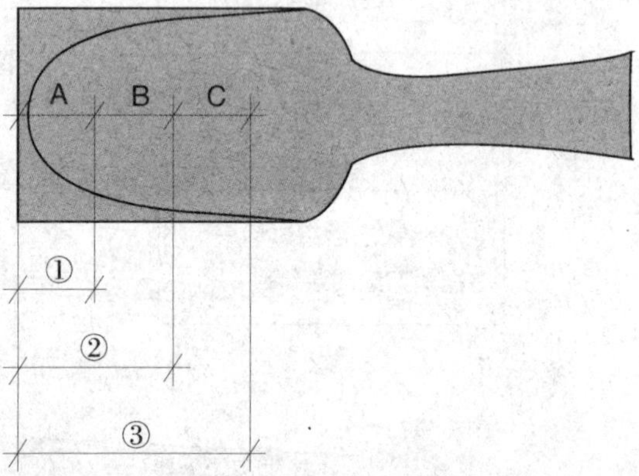

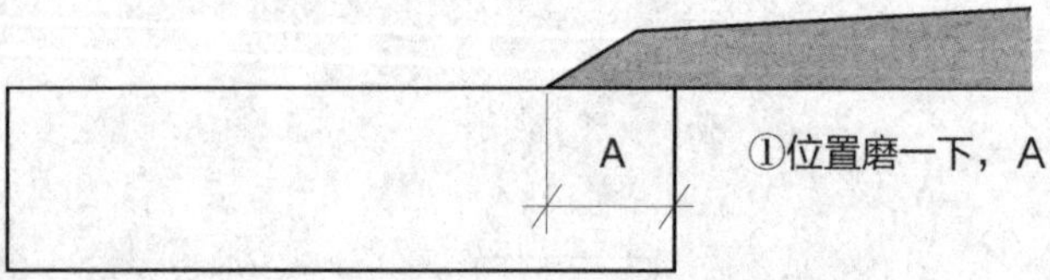

①位置磨一下，A磨 1 次

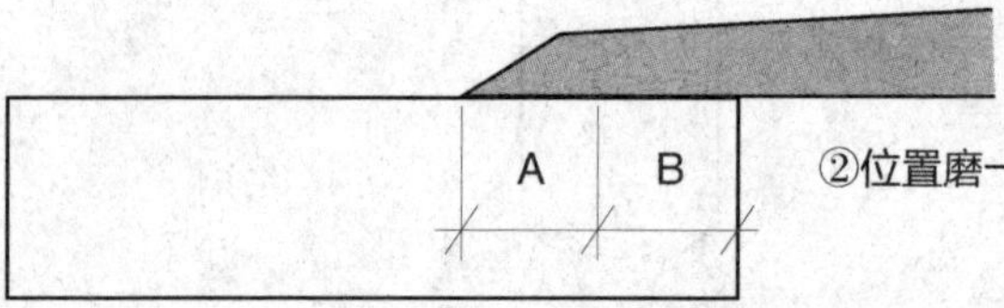

②位置磨一下，A磨 2 次，B磨 1 次

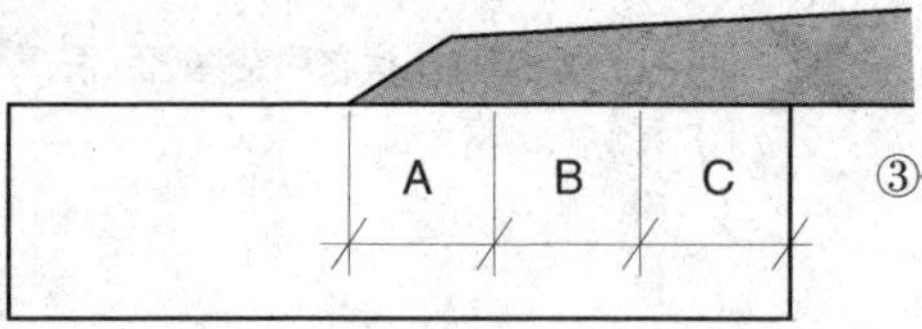

③位置磨一下，A磨 3 次，B磨 2 次，C磨 1 次

如上页图示，在①、②、③放置的位置各磨一下时：会发现 A 位置研磨 3 次、B 磨 2 次，C 磨 1 次，可以看到接近刀锋处才是磨砥最多的，所以钢面处会慢慢倾斜，而空磨区会慢慢退后，曲线也会是完整的。

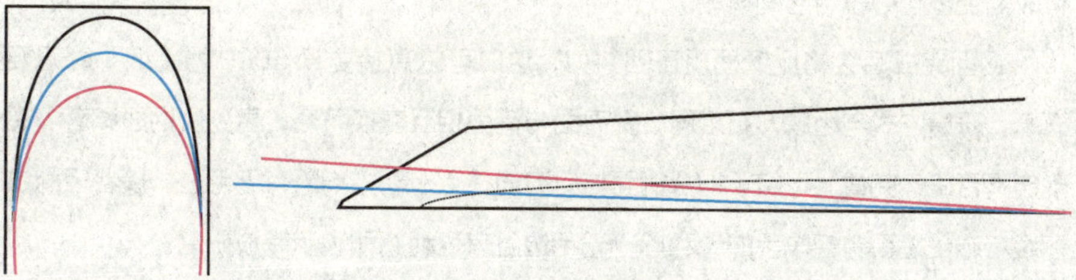

钢面研磨左右移动最深大约到钢面五分之四处，因为有些凿刀靠近套柄的地方，会比钢面高凸，只要磨到凸处，钢面就又变双斜刃了。

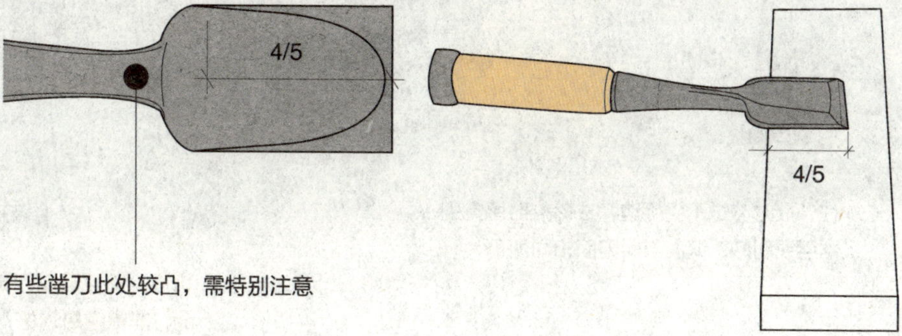

在研磨过程中，磨刀石需要左右平均使用，还需左右翻转。如果用相同号数的磨石整平磨刀石，也应该两块磨石相互更换，如果都不更换，磨刀石会变成凹状，整石则会变成凸状。

钢面研磨至刀锋前端处全部磨到时，就算完成。新购刀具在初次研磨时，钢面有时需要多花心思与时间研磨。

钢面完成后会将反钢面反压回斜刃，这时可以直接更换 6000 号（细）磨刀石研磨，研磨方式与粗磨刀石相同，斜刃面与钢面相互交换研磨，直到反钢面掉落。想确定是否研磨完成，可将手指从钢面与斜刃边往上滑动，判断有无毛边，接着轻刮过指腹，感受是否有轻咬手的锐利感，无毛边且有锐利感即表示完成研磨。

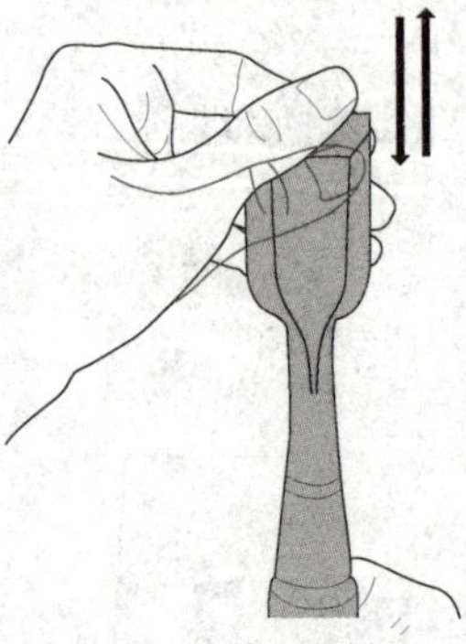

斜刃面

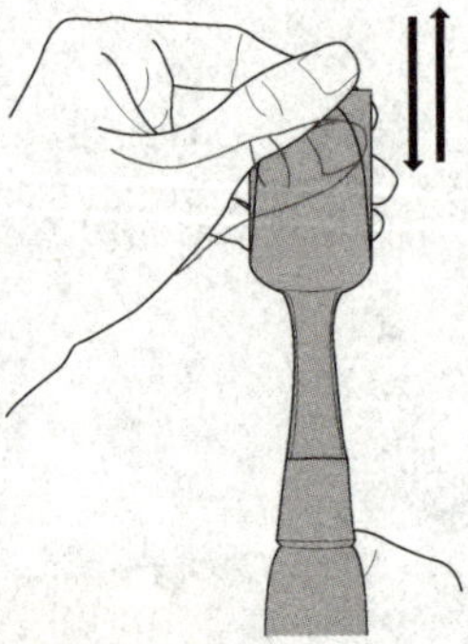

钢面

往外推时感觉不到毛边，往内推时感觉到刮手锐利感，钢面与斜刃面相同即可

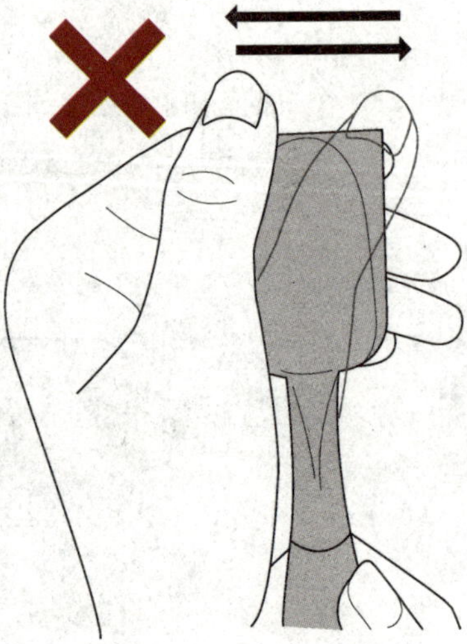

切记，不可顺着刀锋滑动，非常容易划伤

研磨完成后，还需要做最后的倒角研磨。这非常重要，如果没做此动作，后续使用时会经常被割伤。倒角大约 0.1 mm，看着边角大概有条像头发的小白线。

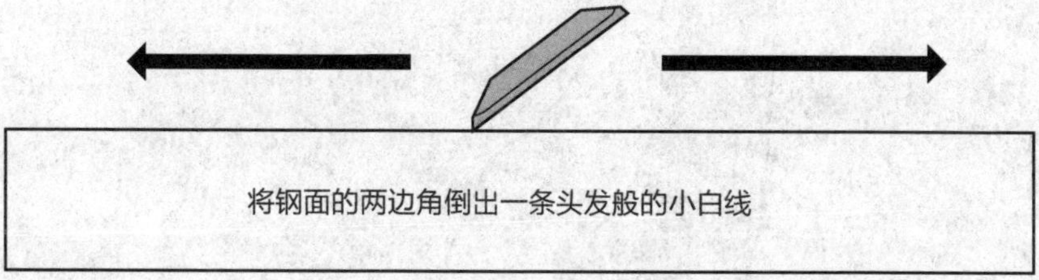

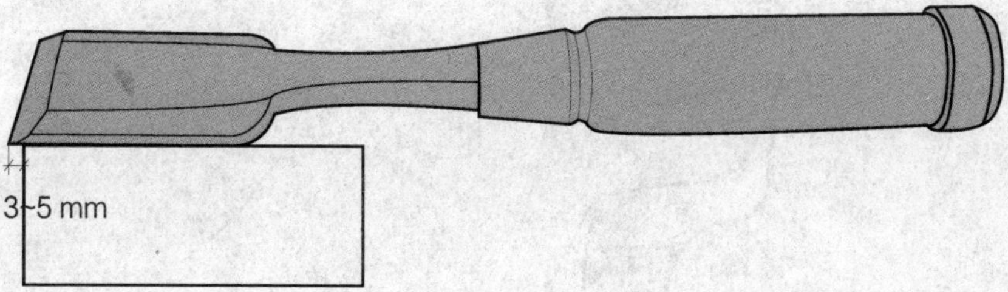

倒钢面边角时，离刀锋前端 3~5 mm 保留锋利，这小区段的预留非常重要，且不可研磨。这区段的锋利，在修饰榫孔角落时会有切割的作用，3~5 mm 这区段在正常使用上并不会割伤手。

钢面倒角完成后，可用指头试试是否锐利。

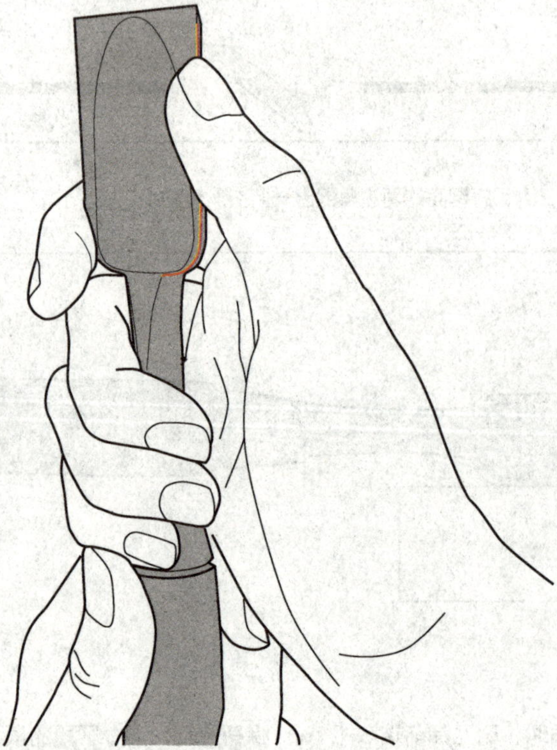

滑动过程必须感觉不到锋利才可

◆◆凿刀的使用方式（右撇子）

凿刀使用须先注意木料是否被固定牢靠，这非常重要。因为施加于凿刀的力非常大，如木料在凿切中活动或倒落，极易造成受伤。

以下介绍几种施力方式：

左手

以食指与拇指夹着凿刀，手指背压着木料，若未做前篇所说的钢面两侧倒角，在此处极易受伤。

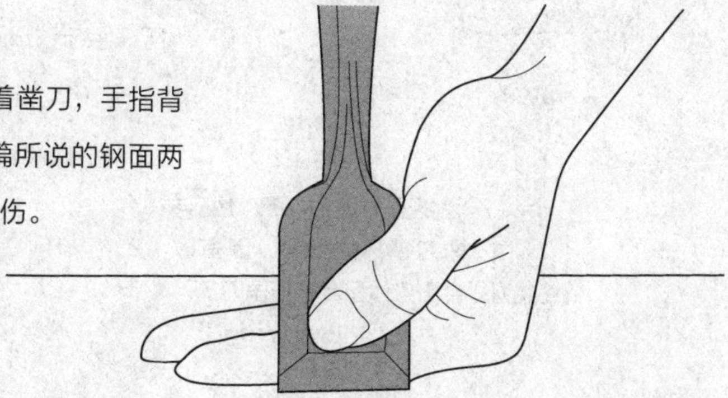

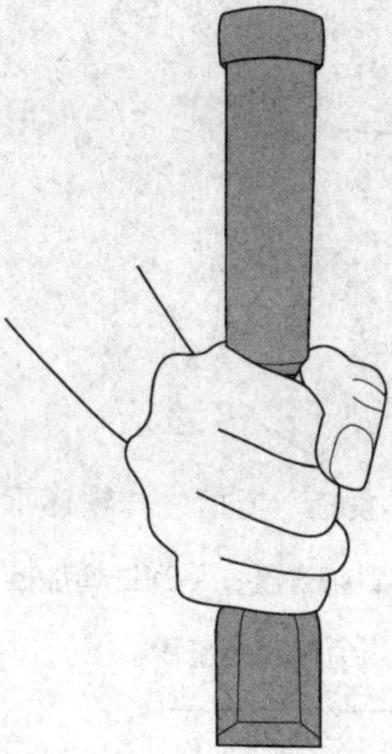

右手

握着套把时可轻力细修，单手使用时可准确定位。

需要重力道时，虎口处与凿刀铁环处平齐，因有时会用身体配合推压凿刀

重力切削时，不要只靠手的力道，这样手腕、手肘会很快承受不住，需要运用全身的力道去推压，这里需注意：并非直接用肩压铁环处，而是压在手与铁环上面的位置上。

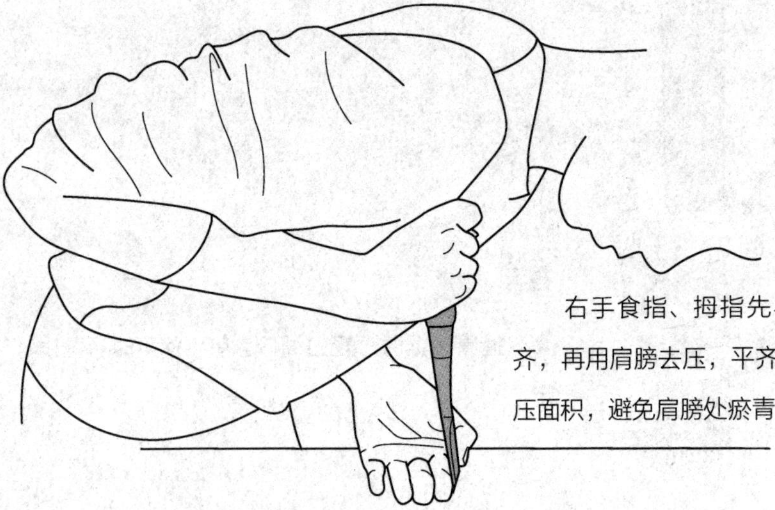

右手食指、拇指先与铁环平齐，再用肩膀去压，平齐处增加推压面积，避免肩膀处瘀青。

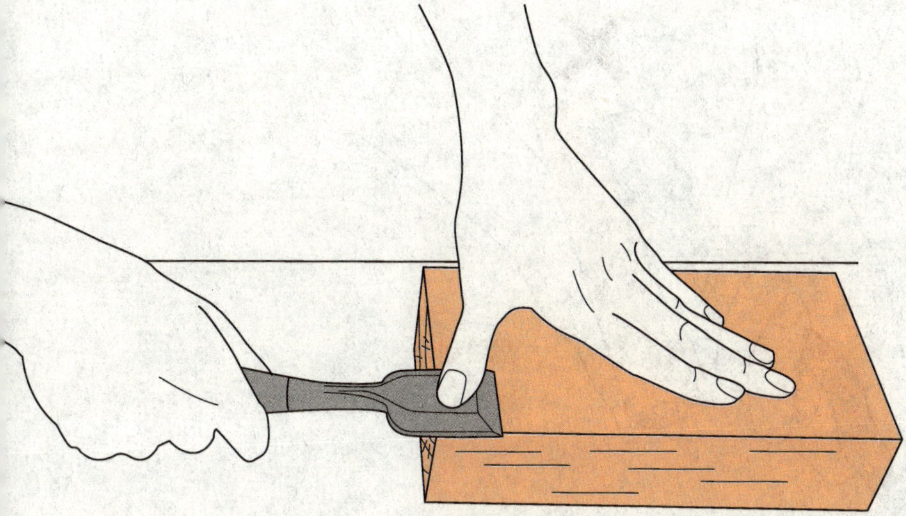

水平推切时，右手施力，左手大拇指必须压稳凿刀

在进行某些修整的动作时，务必注意安全，很多人因为懒得固定木料，于水平面凿修时，认为只是修个小毛边、轻轻推一下，其实很容易受伤，无论多小的动作都需特别注意！

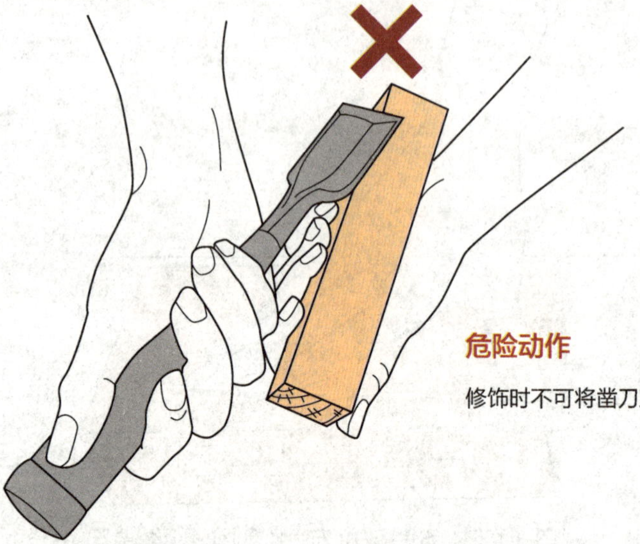

危险动作

修饰时不可将凿刀对着自己

危险动作

使用凿刀时，只要手放置于凿刀施力前方，都是非常危险的！就算前面有凸榫挡住也不可以

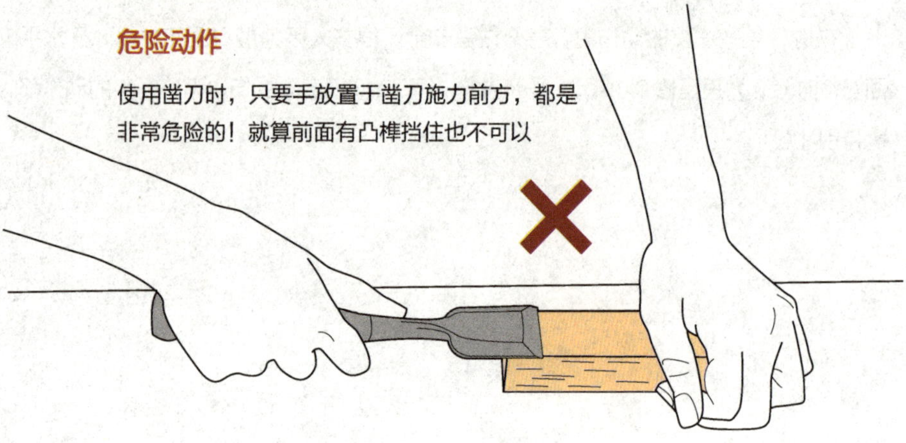

◆刨刀

◆◆刨刀的选择

平刨与入坎平刨

平刨与入坎平刨都是将木料刨平时使用。而入坎平刨，将刨刀片嵌入刨身，固定方式让刨刀片更为牢固，退开压铁也可以刨削木料。刨刀工匠制作入坎平刨需多费功夫与精力，所选刀片也不会太低廉，所以价位较高，研磨也需要技巧，较不适合初学者，因此本书以非入坎平刨介绍为主。

平刨

入坎平刨

◆◆刨刀的用途与各部名称

刨刀作用于木料时，主要是分离木料，将木料表面刨平、刨弧、刨顺，或利用某些特殊刨刀将木料表面刨削成所需的表面形状。

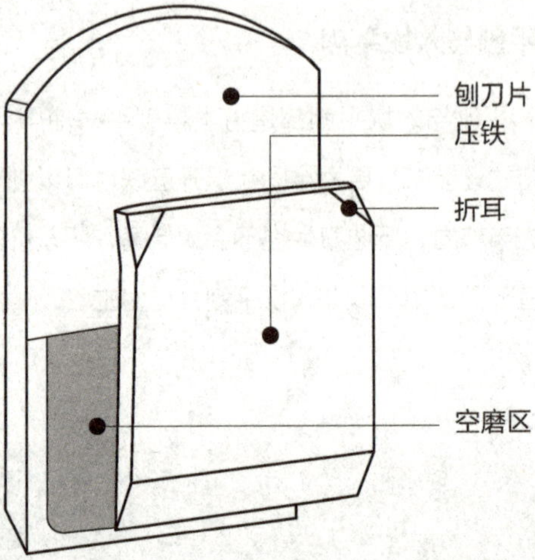

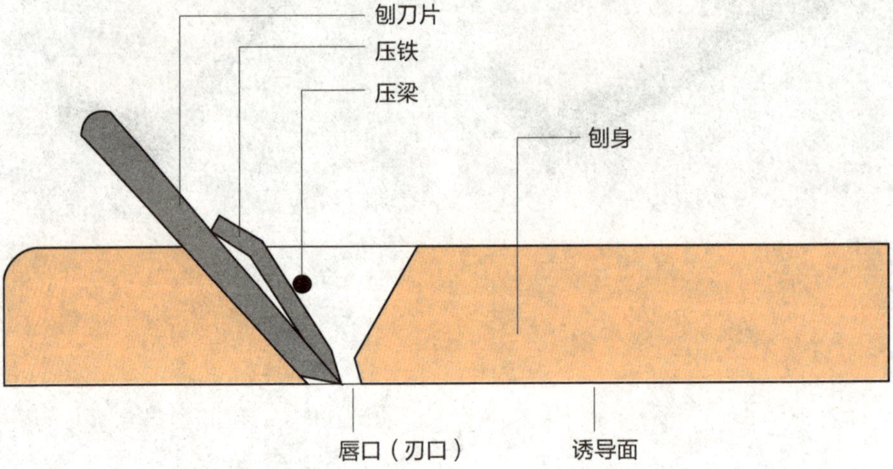

注：诱导面即刨削木料时接触的面。

◆◆平刨的研磨与整理

平刨主要分为三部分：刨身、刨刀片与压铁。

三者关系密不可分，其中一样有缺陷即影响刨削质量。而我们拿在手上的平刨，是经过刨刀工匠制作，有些状况是使用者无法自行调整的，所以买到一个好工匠制作的平刨非常重要。使用者又如何进行调整与研磨呢？新购时，先将刨刀片与压铁研磨整理后，再嵌入刨台中，即先整理刨刀片与压铁，接着再修整刨台。

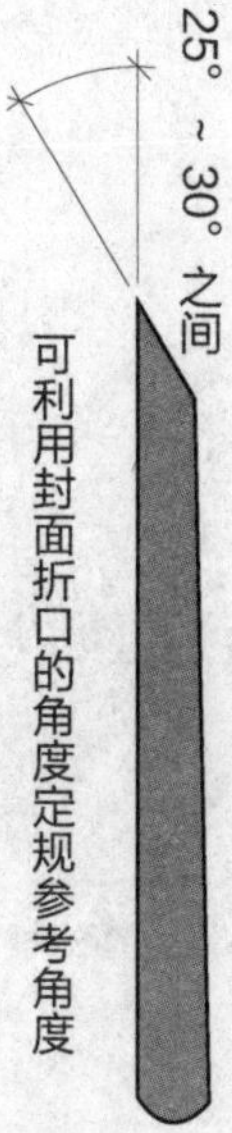

刨刀片的研磨角度

初学者通常具备一支平刨就足够，刨刀片的刀刃角度通常在 25° ~ 30° 之间，常用软材为 25° ，常用硬材为 30° ，如有多支平刨，建议多几种不同刀刃角度，因木材软硬不同，高级平刨也要用不同钢材对应不同软硬材。

刨刀片的研磨方法

非入坎刨刀片除少了手柄之外，其实与凿刀研磨几乎一样，其中可能发生的问题也大同小异。

刨刀斜刃面研磨时，因刀锋较宽，其实研磨上较为容易，拿取手势与凿刀相同，可将双手食指与中指皆放上去施压。

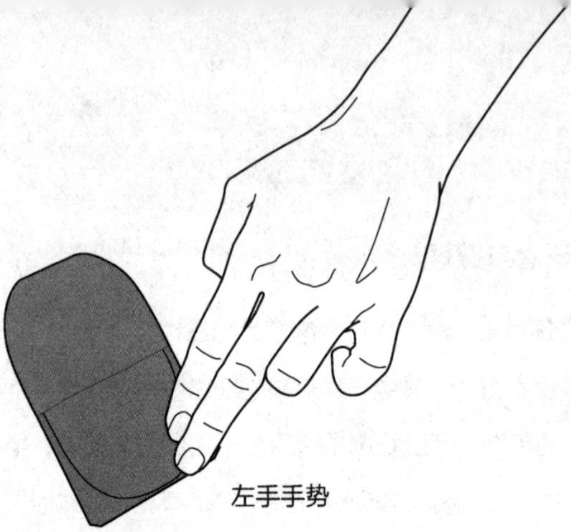

左手手势

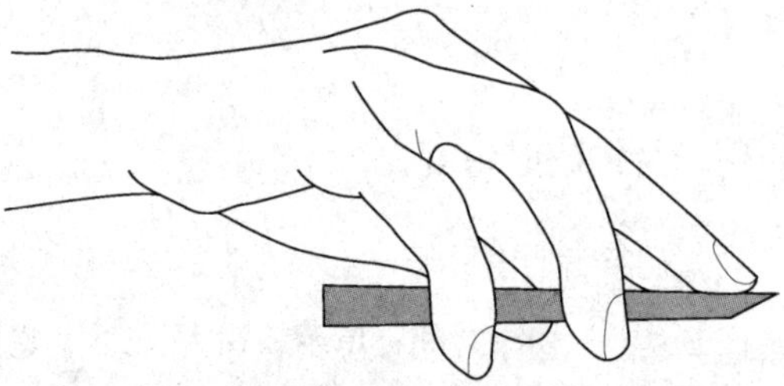

大拇指、小指、无名指夹着刨刀两侧

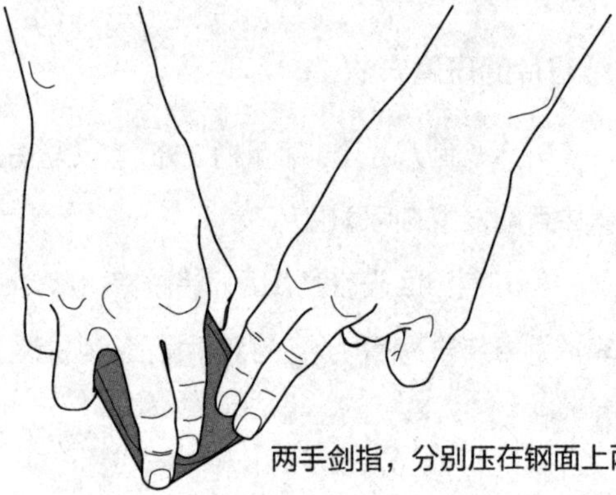

两手剑指，分别压在钢面上两侧

斜刃面与钢面研磨也与凿刀相同，入坎平刨与一般平刨刨刀片研磨皆相同，只是入坎式需研磨左右两缺角，维持刀锋幅宽固定，且宽度须小于压铁幅宽，如果大于压铁时，所刨木屑会塞在入坎处。

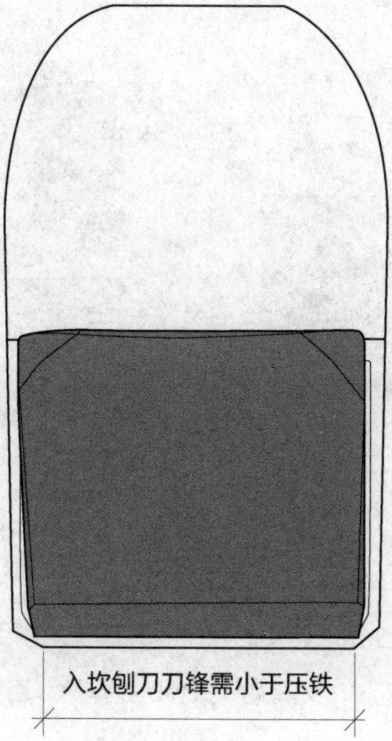

◆◆压铁的研磨与修整

压铁主要用于折断刨削木理，让刀锋可以切割到木料，没压铁较像直接劈木材，容易顺纹理走裂。没压铁的刨刀，顺纹理刨削，不仅木料面光滑，刨削上还更省力。

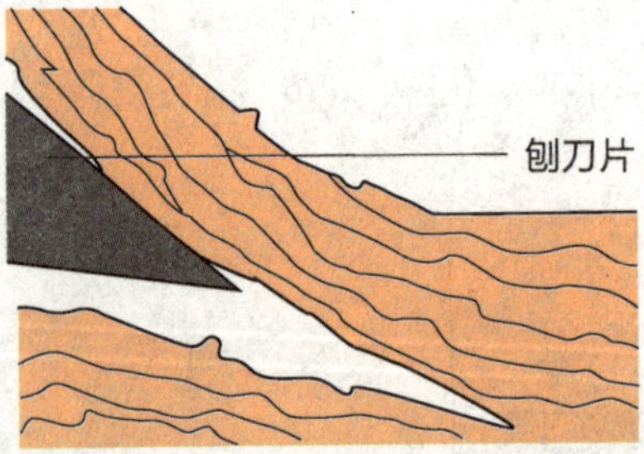

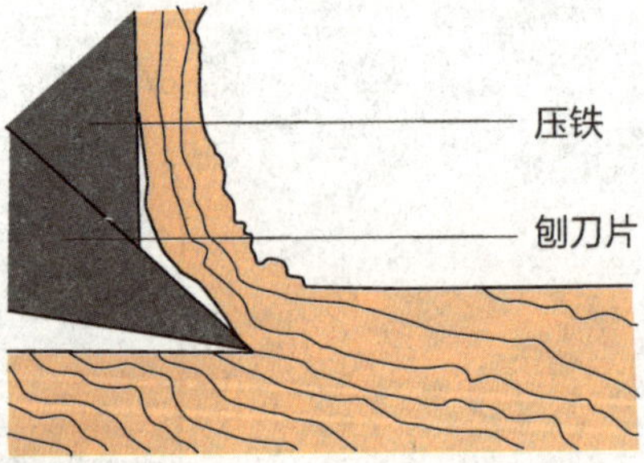

从两图可以看出没压铁在逆纹理时，会让刀锋无法作用，撕裂木料表面

压铁研磨基本上只在初次使用时修整，除非未来刨到硬物（铁钉、小石块等）造成缺角，或是粘很多树脂，又黑又厚影响压铁作用，否则很少再研磨它。

压铁钢面

压铁部分需先磨钢面，有几个常见问题非常重要，以下逐一说明。

钢面研磨时，并不是将两个凸角放在磨刀石上一起研磨，而是闪过凸角处研磨。

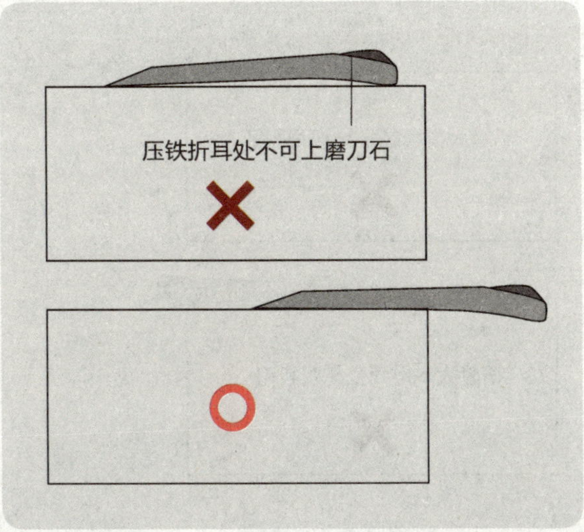

刨刀师傅整理压铁时，为了减少钢面研磨面积，会使用砂轮机将压铁钢面磨出一道凹沟（注意：只能用在压铁）。

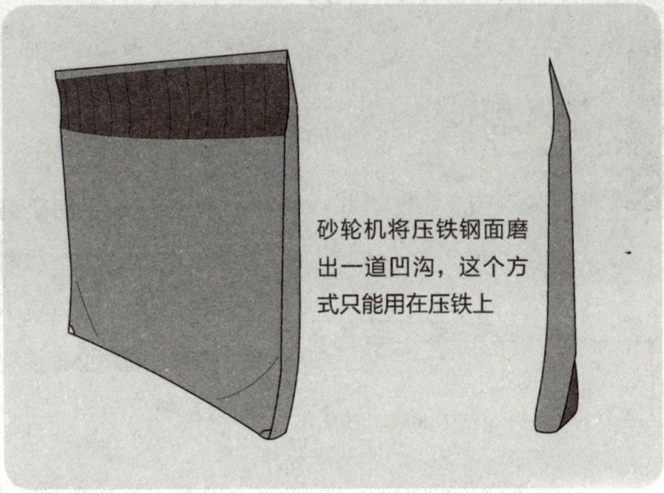

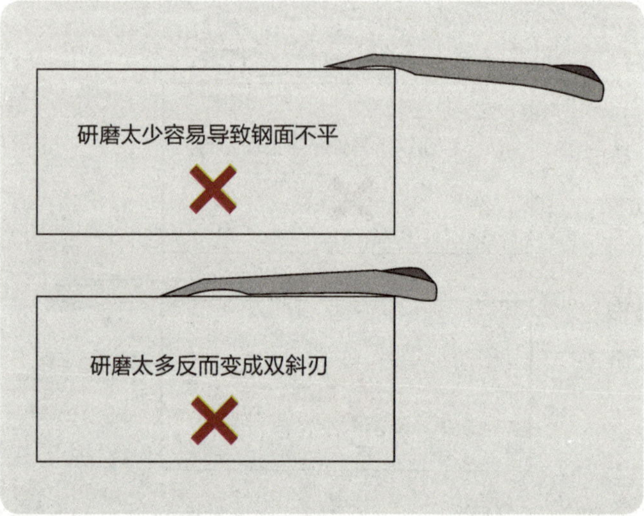

砂轮机磨出凹沟后，研磨钢面有时还会有另一个问题出现：钢面研磨太少，跑到凹沟处。但是如果进去太多，反而会研磨到凸角处。

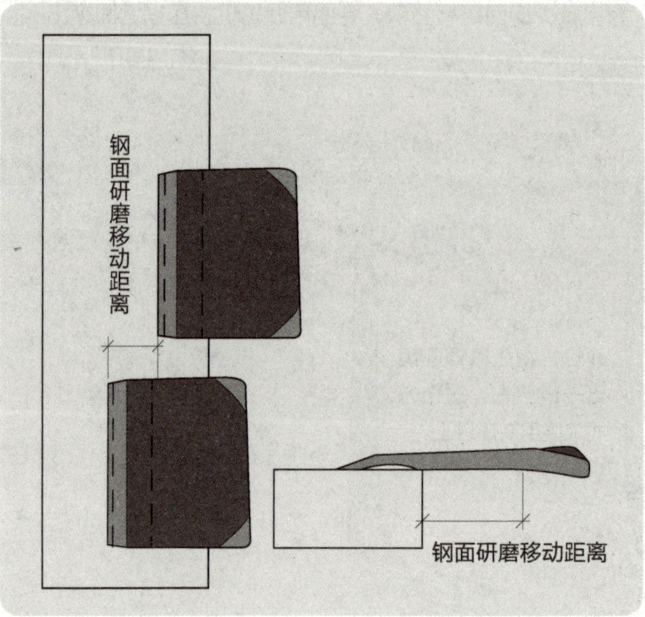

所以压铁钢面研磨时也必须左右移动，且需留意研磨最大值与最小值，研磨过程中必须控制得很好。

压铁斜刃面

压铁斜刃面并非要研磨锐利，因为它有双斜刃，双斜刃有各自的角度。

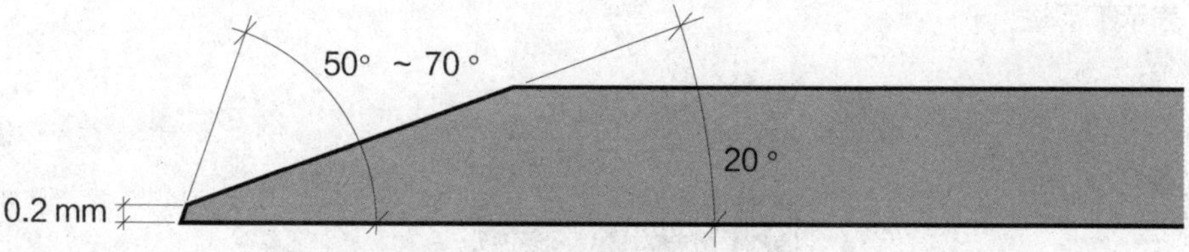

研磨时，先将第一斜刃面（20° ）研磨成锐利状，再将第二斜刃面研磨出（50° ~ 70° ）垂直诱导面为佳，固定角度。切记磨刀石要平整，此时单方向研磨，反钢面会特别明显，也需要翻转磨钢面，即使不锐利，也不可有反钢面的毛边。

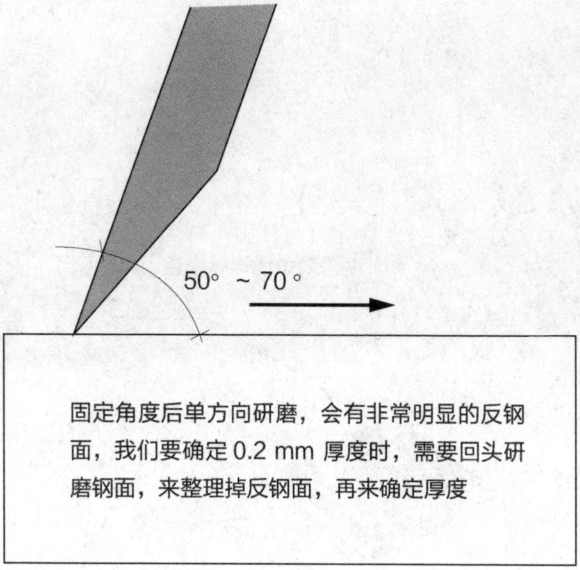

刨刀片与压铁的配合

将刨刀片放置于平台上，上面盖上压铁，两刀锋距离 0.2 mm，压铁在后，按压 A、B、C、D 四个角落，看是否晃动不平。再以对角线检查平整度，只要有晃动就表示不平整。

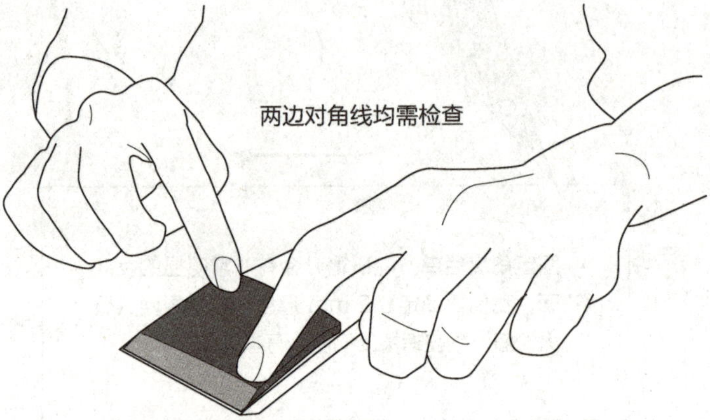

晃动不平时，可通过两种方法解决：

方法一：我们研磨 C、D 其中一个不晃的折角，让它减少高度以达平整，也可敲击折角凸面使高度减少。

研磨不晃动折角，需注意不要研磨过头

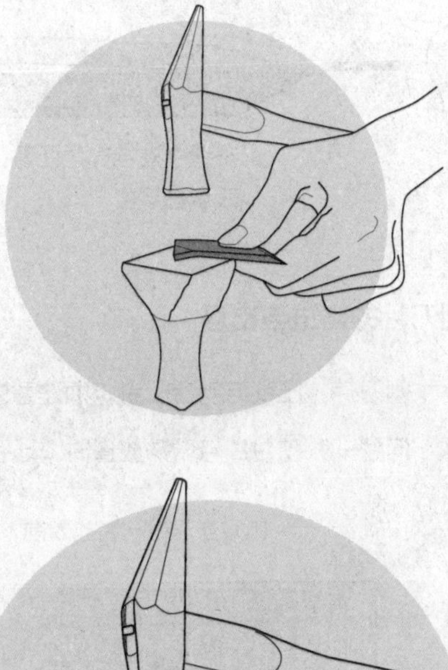

敲击不晃动折角，如果过度敲击，也可能影响钢面平整度

方法二：敲击摇晃折角，使折角更弯、高度变高以达到平整。

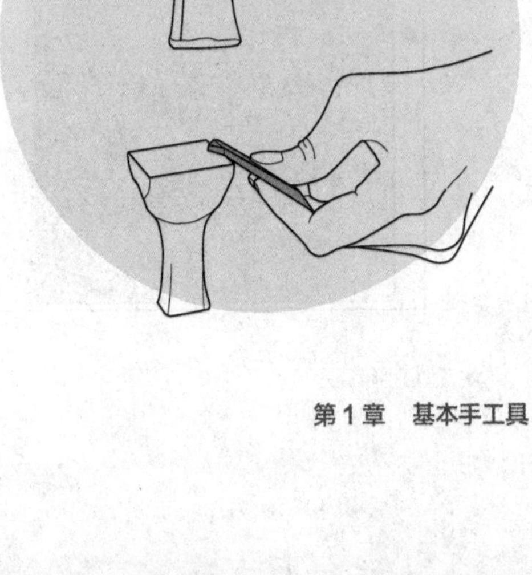

需好好靠着转折处让尖顶翘起

如遇到刨刀片与压铁不平整的情况，以上两个解决方法应该如何选择呢？

刨刀片加压铁打入刨台后如果太紧，则选方法一：研磨使厚度减少；若太松就需使用方法二：敲打压铁折角弯度。

平整后，还需确认两钢面可有平贴，可将刨刀片与压铁压合后，从缝中对准光源处看，如有不平表示钢面还需整理。

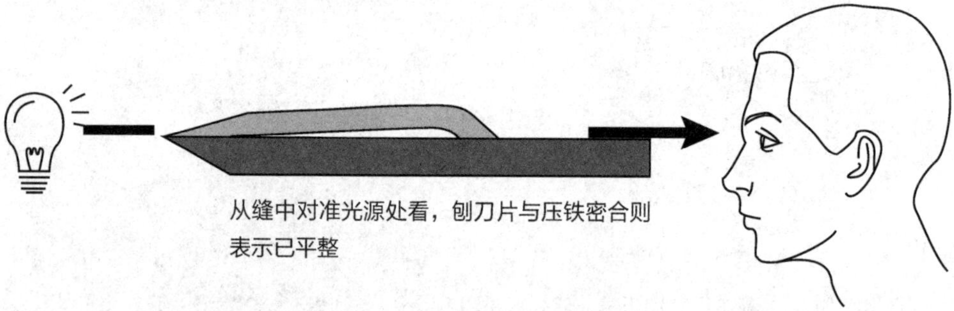

从缝中对准光源处看，刨刀片与压铁密合则表示已平整

刨刀片的击进与击退

刨刀片、压铁与刨台配合，须注意以下几个问题：

问题一：刨刀片与压铁放置时，压铁不可超过刨刀片刀锋。

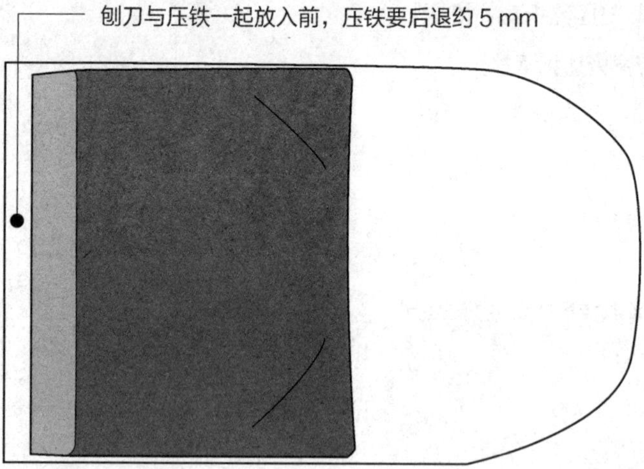

问题二：手推紧后开始敲击（注意：非入坎刀片于压铁未固定时，容易滑出唇口或刃口而导致人员受伤），先敲一下刨刀片，再敲一下压铁，压铁不可超过刨刀片，以免造成刨刀片不锐利或缺角。

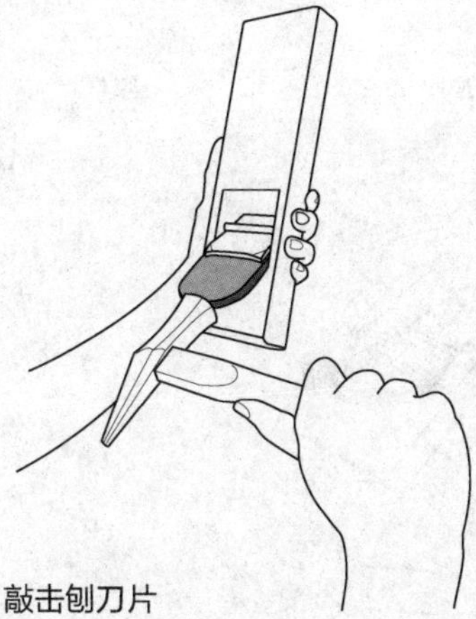

敲击刨刀片

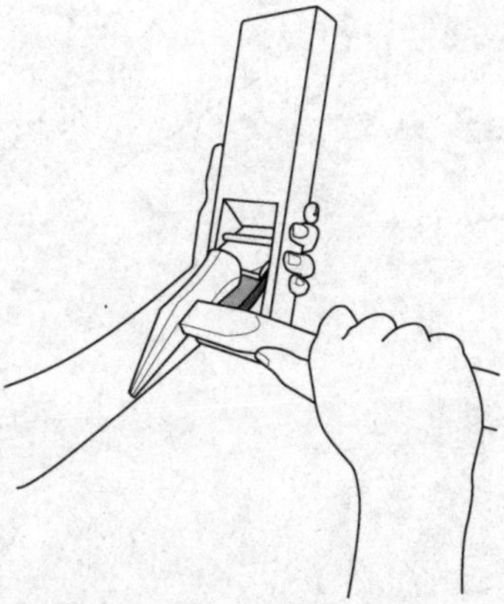

敲击压铁，使压铁顺着刨刀滑落

运用光线，从唇口（刃口）可看到刨刀与压铁不同折面所形成的色差，以此判断两者距离。

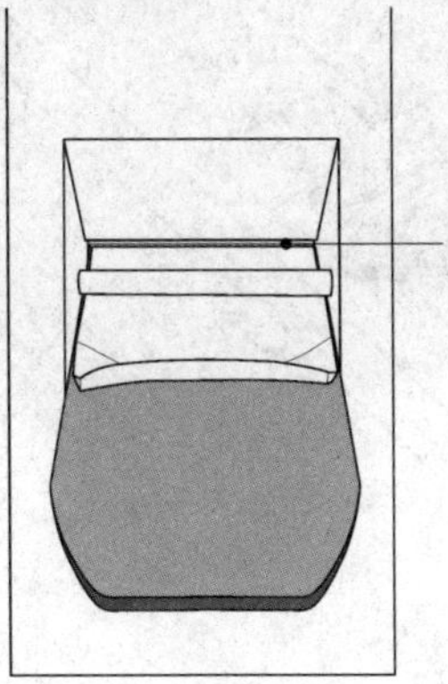

关于刨刀击退的手势，最重要的在于稳固压铁与刨刀片。固定两者非常重要，在击退过程中，刨刀片在与压铁松脱的瞬间，极有可能跳出，导致操作者受伤或使刨刀与压铁产生缺角。这里介绍两种手势给大家选择。

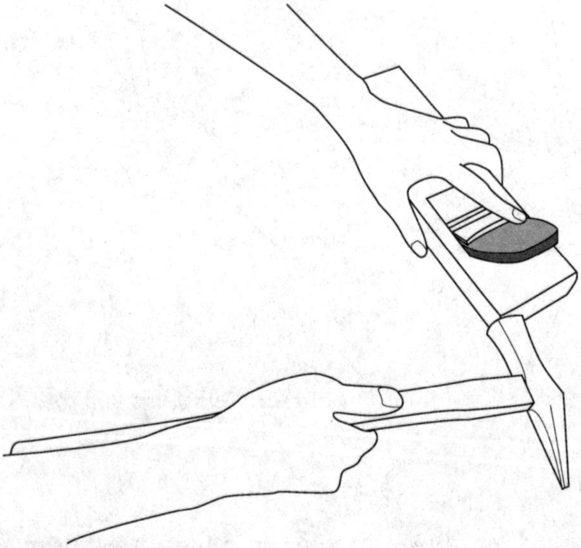

食指固定法

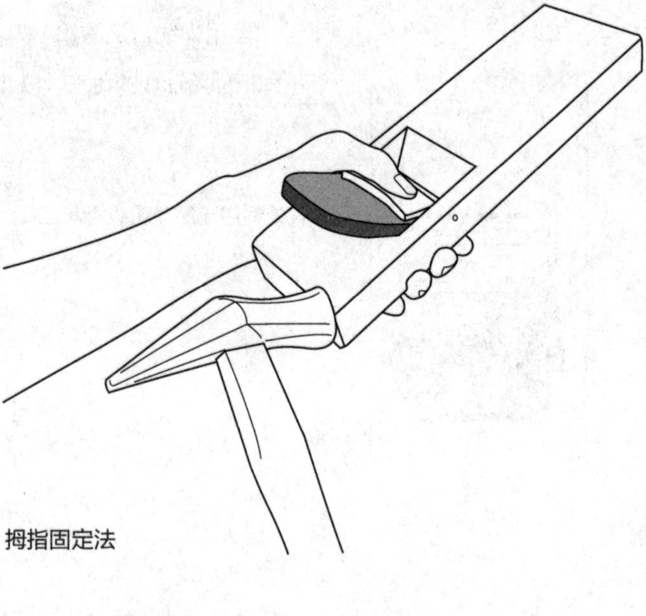

拇指固定法

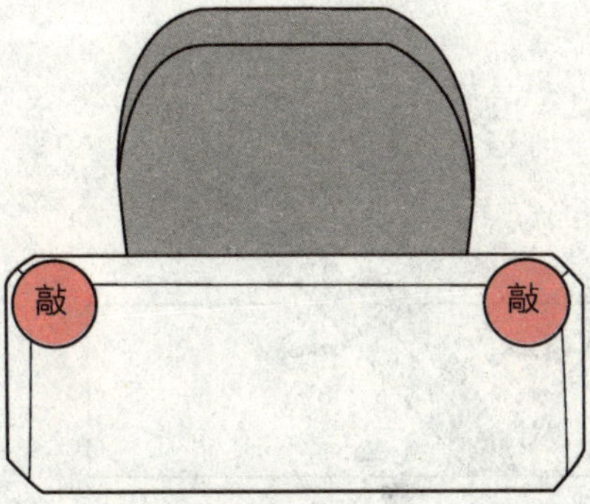

压铁敲击过头时，可敲击后方刨尾部分退刀，在敲击时尽量敲击刨尾左右两边，以避免刨台裂开。

敲击刨尾两侧皆可，敲击的方向与刨刀片平行

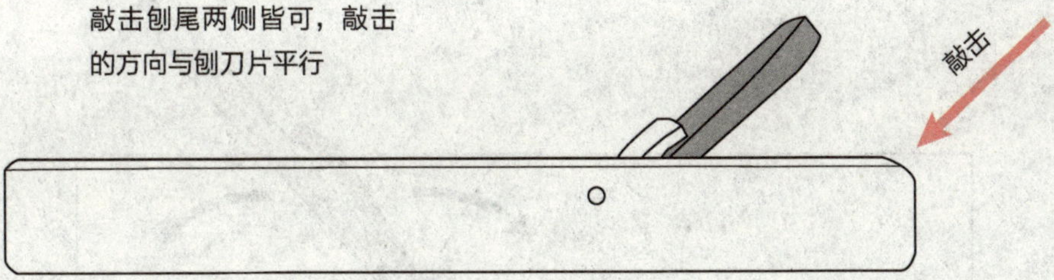

刨台整理

刨台与刨刀片接合处，也是需要修整的。通常购买时，这部分刨刀师傅已经修整好了，不建议买未修整好的刨刀，尤其对于初学者来说。但其诱导面需要修整，刨刀片与压铁打入刨台，力量过大会导致诱导面变形，即使调整好了，后续也会因压力关系或木料膨胀收缩慢慢变形。

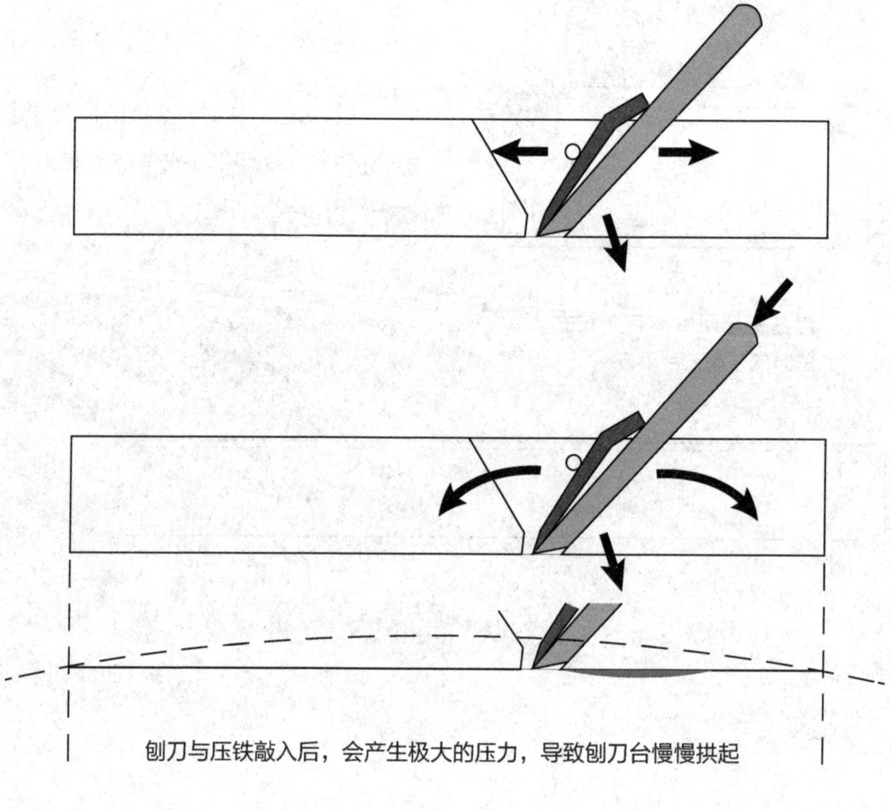

刨刀与压铁敲入后，会产生极大的压力，导致刨刀台慢慢拱起

刨刀片打进后所造成的压力会让刨刀微变形，但我们在使用时刨刀片是会凸出诱导面的，压铁与刨刀片非常接近，所以修整诱导面时，需要将刨刀片与压铁敲打到非常接近使用时的状态，但又没有超过诱导面。

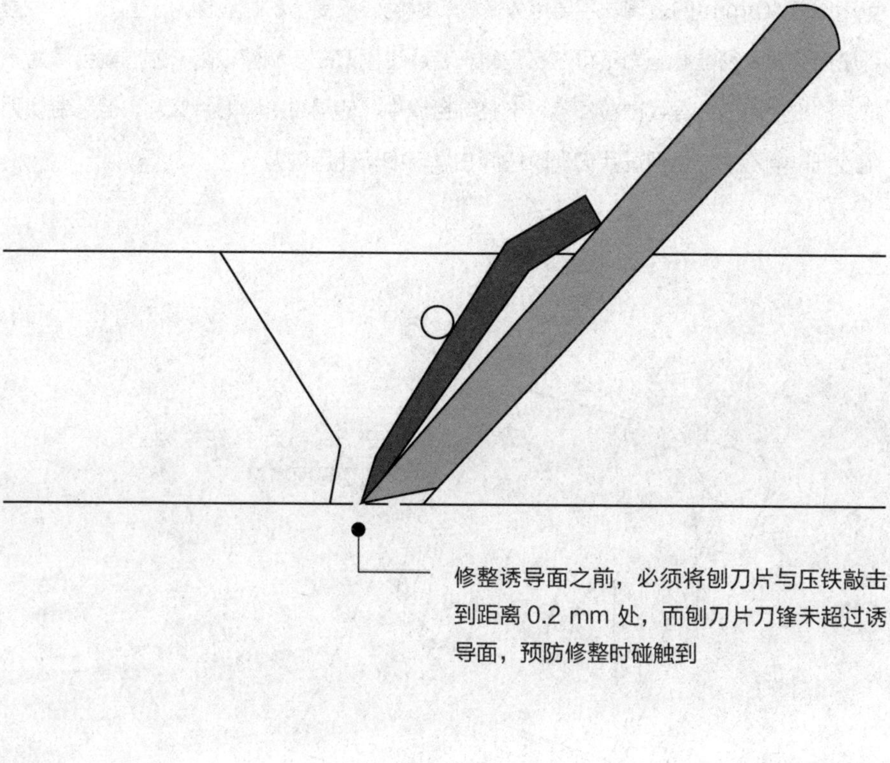

产生初始变形是正常的，而我们此时已经可以开始整理诱导面了。需注意的是，若对刨刀片与压铁敲击不到位，等整平后进刀会产生不平整状况。

诱导面整理分两阶段：

阶段一：整平诱导面。整平时有人用刨刀刨平，有人用砂纸磨平，平刨整平对初学者来说太难了。用砂纸整平诱导面时，拿张 180 号砂纸平贴于平整面（平整面可用厚度 10 mm 的玻璃，不要用太薄的，以免破碎受伤），应施力于刨刀中心，直到研磨平整。须注意施力不可左右歪斜，若超过刨刀左右调整极限，刨屑就会厚薄不均。砂纸使用上会导致砂粒掉落、卡在刨台缝中，使用时影响刀片锋利，但笔者认为用砂纸影响不大，更何况我们现阶段尚在学习如何使用刨刀。

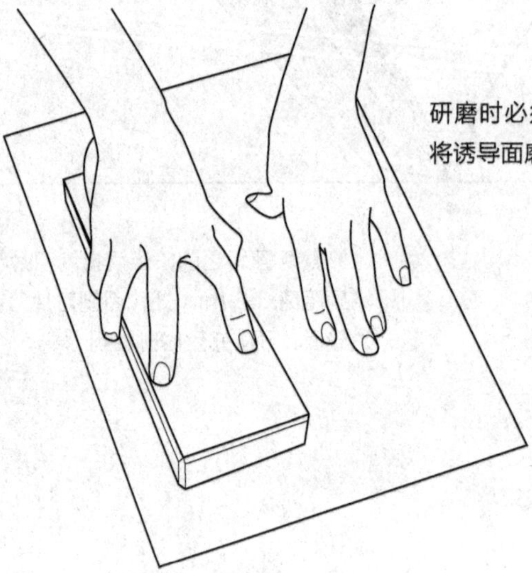

研磨时必须注意刨刀中心，将诱导面磨平

整平后的诱导面，可使用钢直尺来判断诱导面平整度，测量直线与对角线。另有凹槽精度尺可帮助确认是否已经将刀锋敲过压铁，可避免缺角。

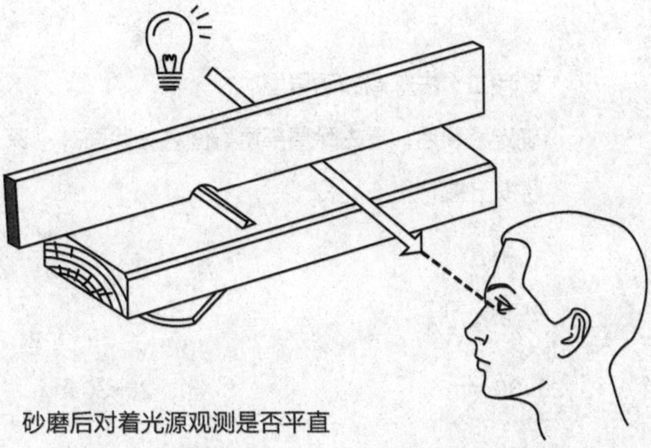

砂磨后对着光源观测是否平直

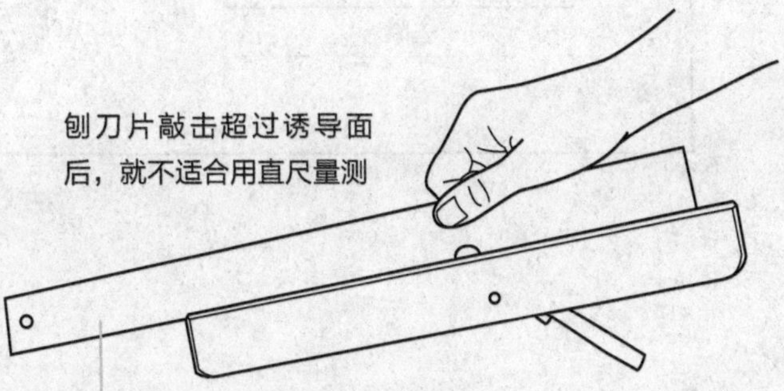

刨刀片敲击超过诱导面后，就不适合用直尺量测

凹槽精度尺

阶段二：去除局部诱导面。

确定整平后，需去除局部诱导面，去除面并不深，大概 0.1 ~ 0.2 mm，用手是不容易摸出来的。

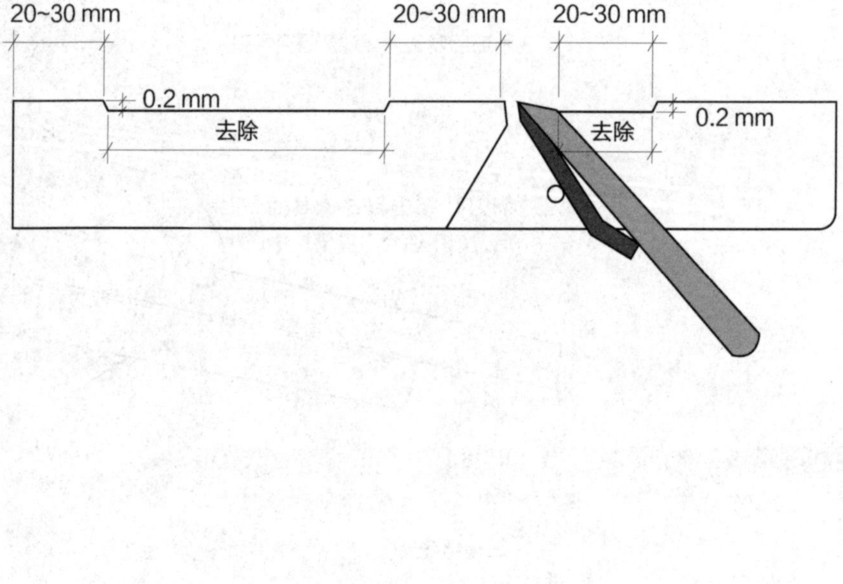

常看到刨工师傅用立刨去除局部诱导面，初学者使用凿刀刮除即可，刮除时记得要将刨台固定，避免危险（如下图）。最后将诱导面涂一层防锈油即可。

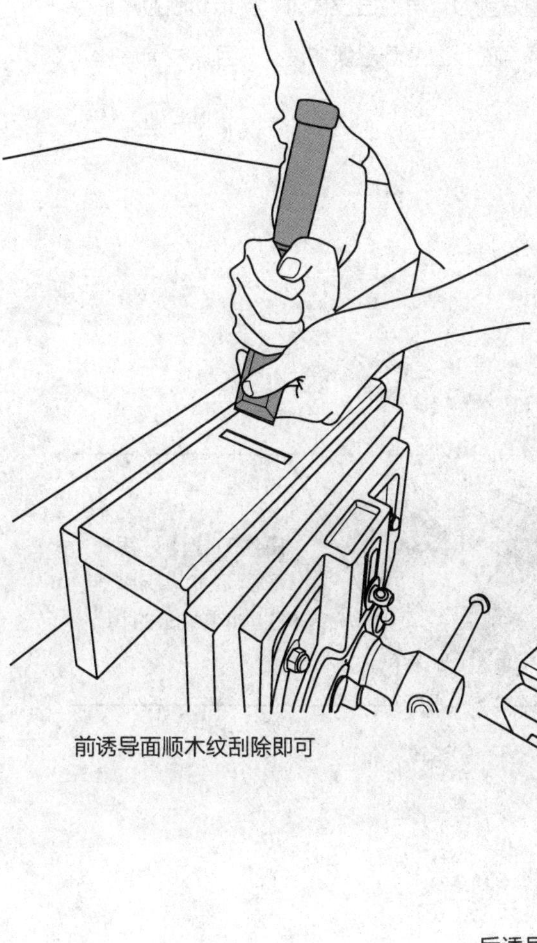

前诱导面顺木纹刮除即可

后诱导面刮除时经由横向木纹，将凿刀稍微打斜，刀锋平贴刮除

刨削前的调整

敲击调整前，先来了解刨刀片、压铁与刨台三者的关系。

刨刀片敲击超出诱导面就是刨削量，而压铁需敲击至与诱导面平齐。调整敲击时不要让压铁与刨刀片差距太大，因调整好刨刀片再敲击压铁时，会带动刨刀片稍微往前。敲击时可用手摸一下是否快接近诱导面，注意凸出须非常少，且只能前后摸，避免割伤。

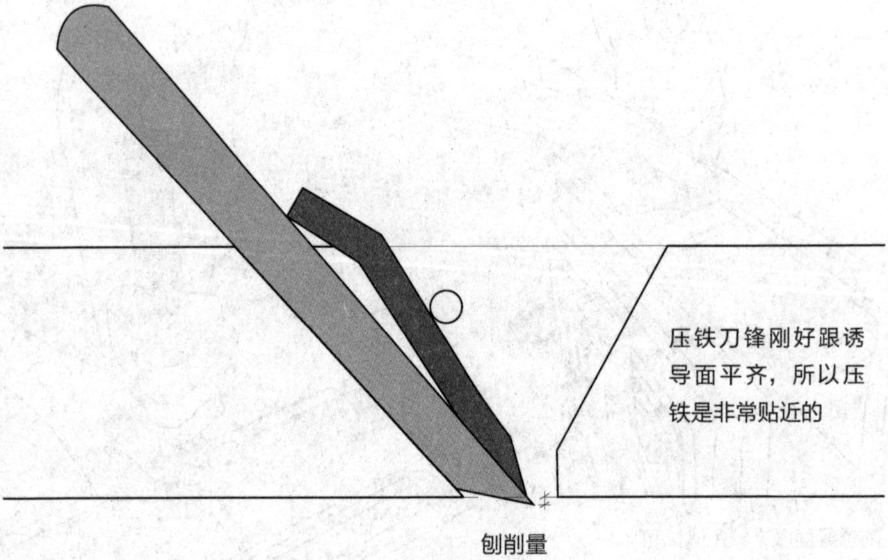

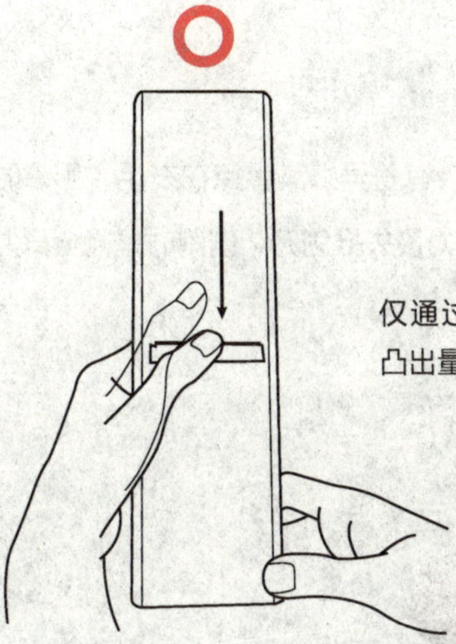

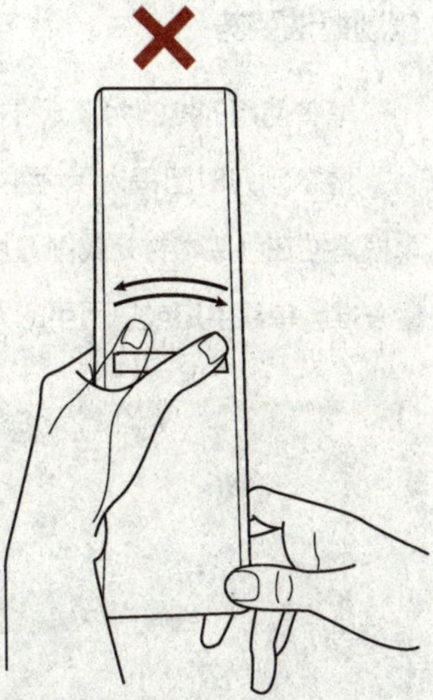

仅通过轻刮手指腹，感受凸出量，并非用力按压

刀锋歪斜时应敲击刨刀片侧边。

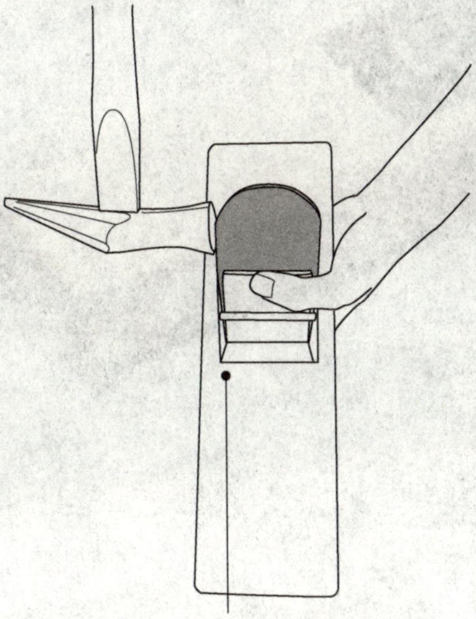

此边刨削量太多，刨刀片调整敲击同边

压铁歪斜时应敲击压铁左右边。

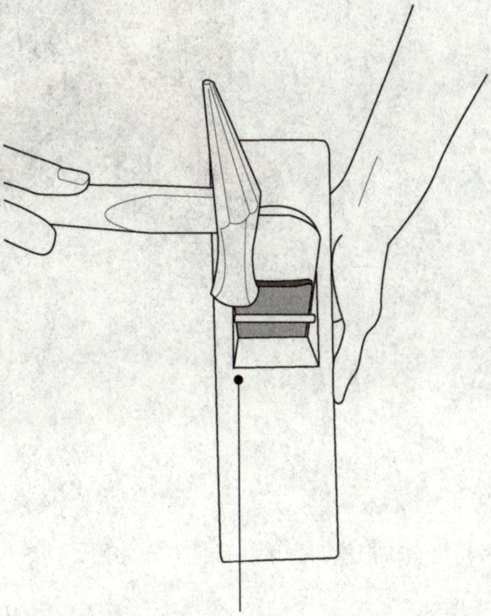

此边压铁不足时，顺着刨刀片下滑敲击压铁

刨削握法姿势

笔者使用的推刨为“无推把”。

握拿刨刀时因每人手大小各有不同，握时也会有差异。其重点在右手，手拿时掌根需推在刨头木材处或刨刀片头处。不单靠手指力量去推刨刀，刨削时是需全身力量去推，单靠手指或只用手的力量易受伤。

有推把刨刀，可将推把卸下使用，即成“无推把”

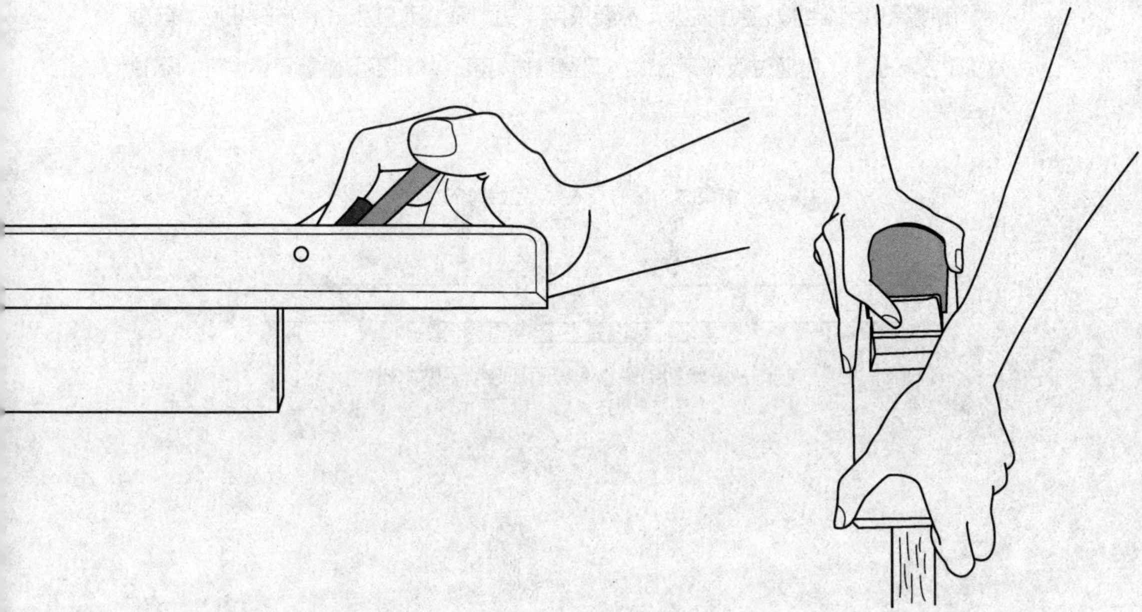

推刨时，要通过全身的力量推动刨削木料，所以掌根务必贴紧

左手平压于刨台平面上，刨削时左右手重心需要转移。

刨削需使用全身力量去推刨，不要只用手的力量；双脚张开，右脚在后，前脚微屈（右撇子），可通过双脚开合大小调整身体高度，木料不要距离身体太远，尽量靠左。

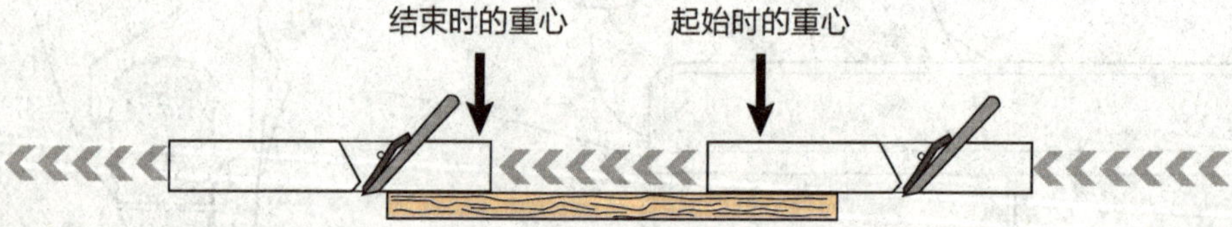

刨削从开始到结束，诱导面都必须平贴木料

诱导面必须平贴木料，推刨结束后不可下压，如下压会造成木料后方翘起
用身体去推，双手臂向前
将身体带来的力量一起推出
臀部需正对刨削方向
右脚在后顶地，将力量送到身体

木料的纹理与刨花

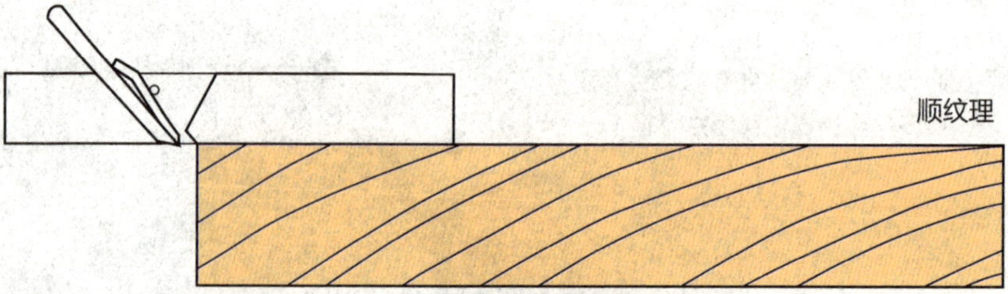

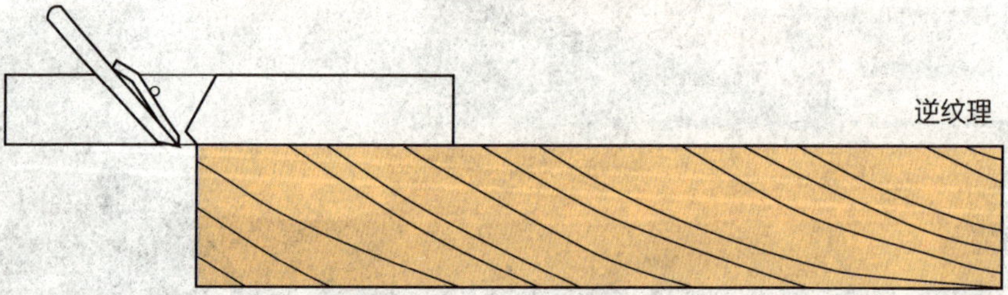

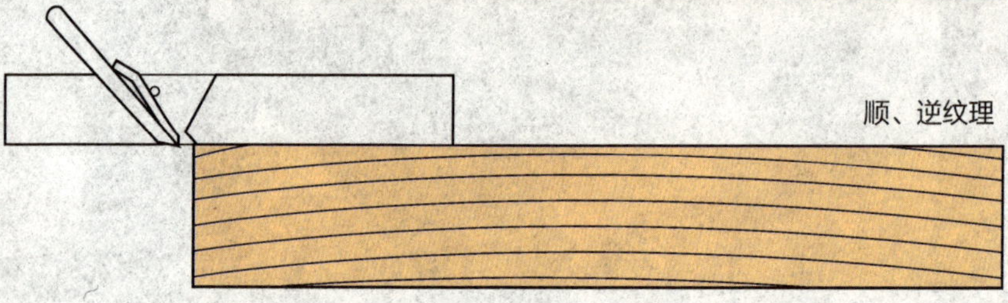

木料于刨削或凿削时，时常会遇到逆纹理切削；逆纹理切削不会切开木料，而是将纤维撕裂，造成木料表面凹陷。我们只需将木料换边刨削，如果刚好遇见木料是顺、逆纹理并存时，可以减少刨削量（用调整压铁来做到）。

可借此观察刨削出的刨花，刨花太厚就退刀，大约让刨花厚度在 0.1 mm 左右；刨花左右厚度不均，就是刨刀片歪斜需要调整；刨花卷曲则表示压铁进击不足。

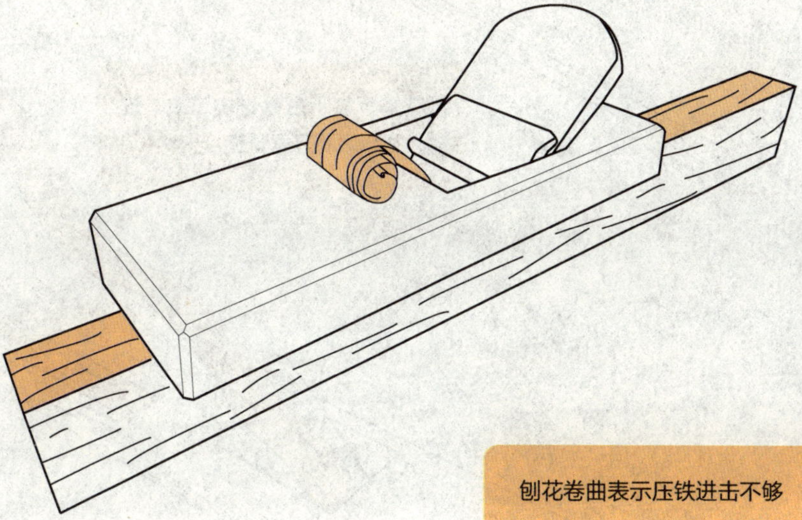

刨花卷曲表示压铁进击不够

刨花多折则表示压铁进击过头，刀锋未切割完成就碰到压铁了。

压铁调整正常时，所刨出来的刨花为平顺直条状。

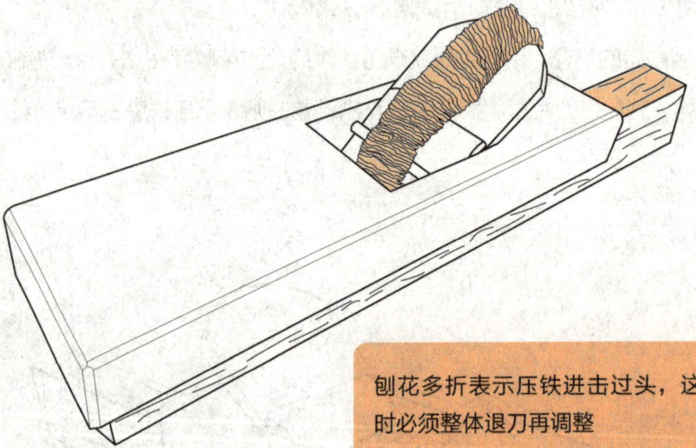

刨花多折表示压铁进击过头，这时必须整体退刀再调整

压铁调整正常时，刨花平直出屑

◆锯子

◆◆锯子的种类与用途

锯子用于分离木料，木料有横、纵向，因此选择不同锯子作业，处理不同状况时也会选择不同锯子。

介绍各种锯子前，先了解“纵开”与“横断”的锯齿有何分别。

纵向锯切——顺着木头纹理纵向切开，其一锯齿就像一把锄头，将木纤维端部往横向一段一段地切断，每齿之间的缝隙把木屑带出慢慢地往下深入。

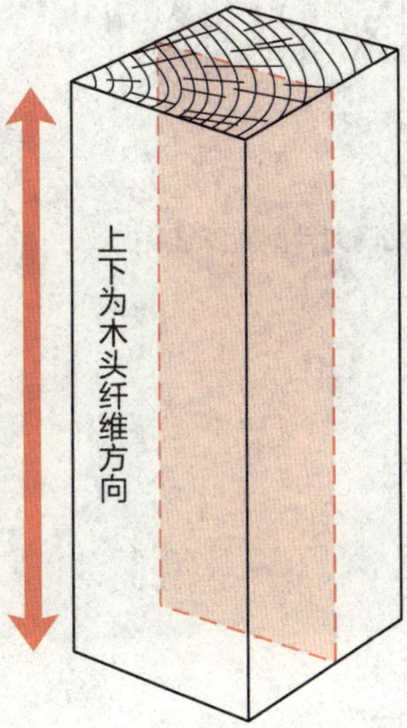

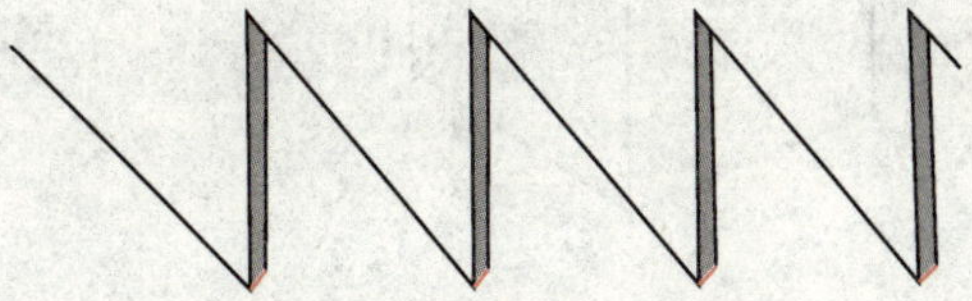

纵开锯切，每齿就是片状刀，将纤维端部切成一段段

横向锯切——如同两把左右尖尾刀，将木纹切断，因为两边距离够近，断开即变木屑，推拉之间把木屑排出。

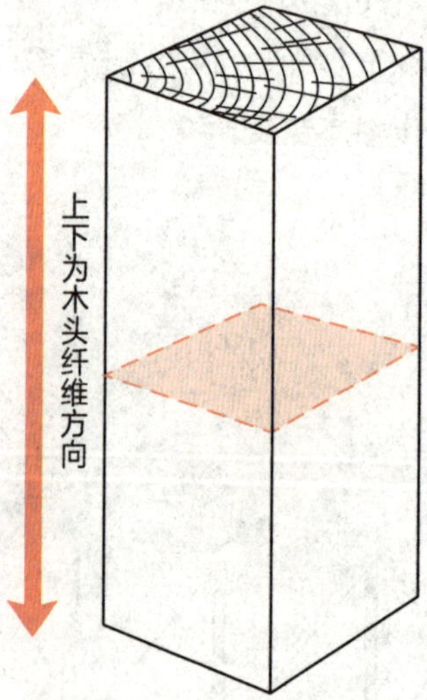

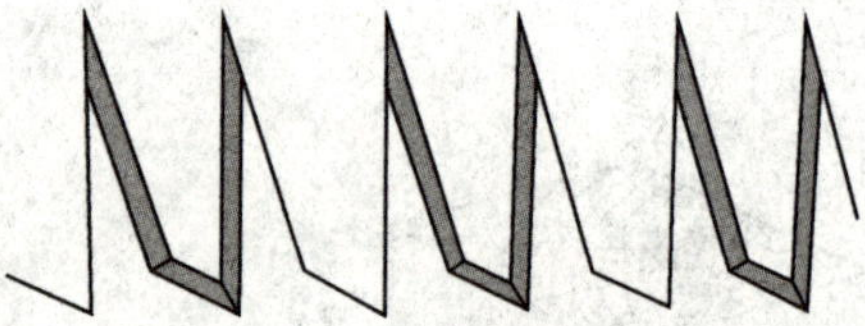

横断锯切，如同刀片割断纤维

双面锯

此锯子一边为纵开，一边为横断。（拉锯）

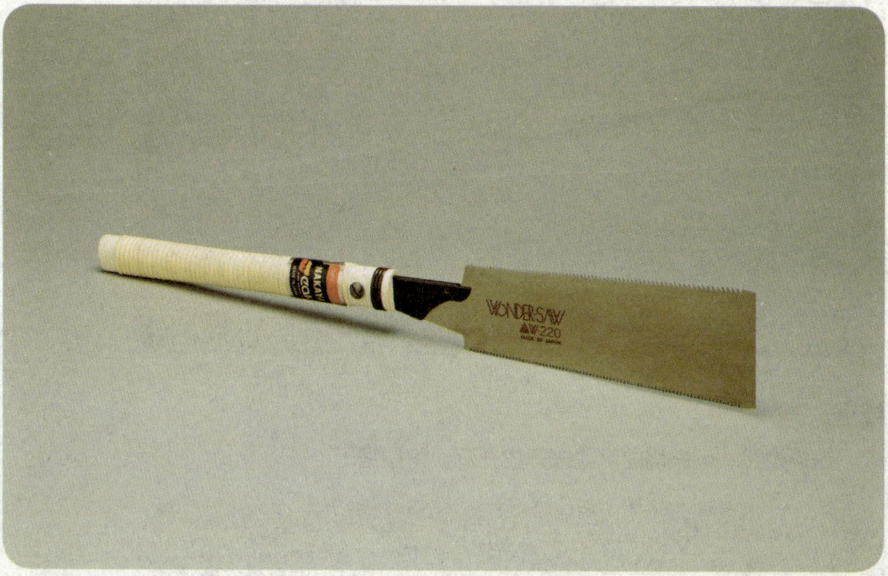

夹背锯

锯片背上有条金属夹背，用于稳固锯片，可使锯片做得更薄，锯齿也较细。（拉锯）

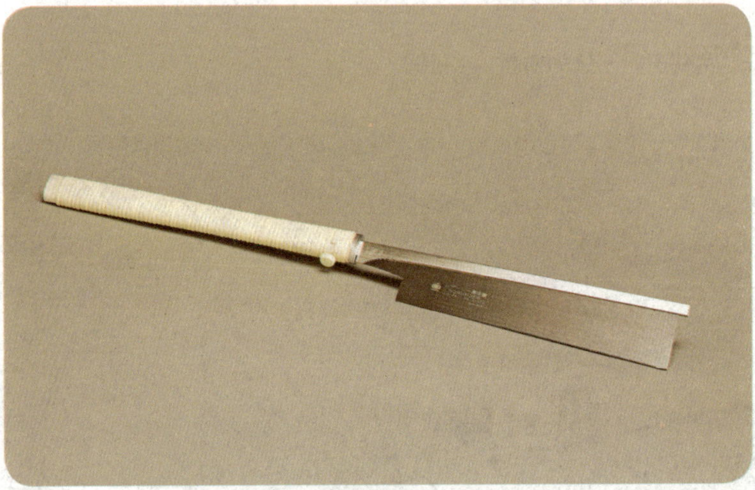

线锯

锯条如线，可锯切曲度或未开放孔洞。（拉锯）

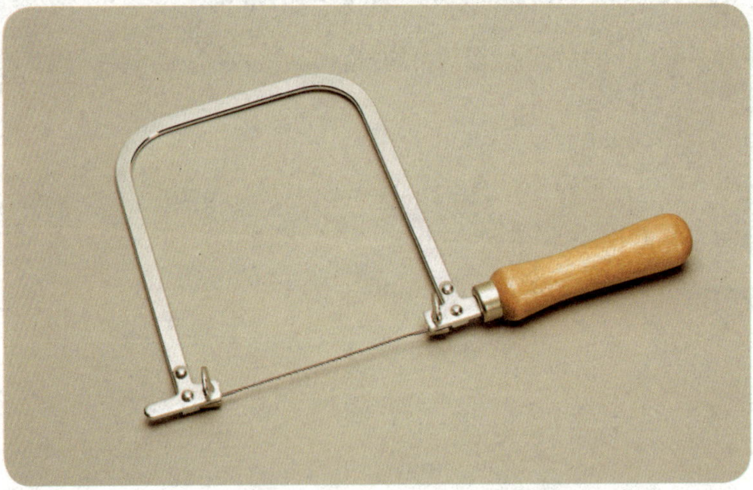

◆◆锯子的使用

锯子使用一段时间后会逐渐变得不锐利，现今锯子皆批量化工业生产，通常通过更换锯片改善不利状况，也可以找锯片研磨师傅研磨，现今很少有自己研磨的了。接下来的锯切指导方式并非绝对，笔者以实务经验提供参考，希望对您有所帮助。

木工锯切作业时，通常都是单手操作锯子，另一手辅助稳固锯片，也稳固身体。操作长握把的手工锯（如双面锯、夹背锯等）时，将手握于尾部大致三分之一处，另一手将木料固定于止木上，或将木料夹固，固定木料时推压或拉牢皆可（通常为横断）。

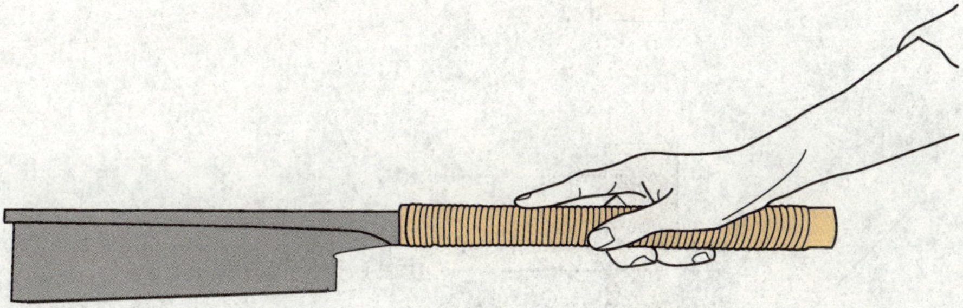

手握于尾端大致 1/3 处，食指位置随意，笔者习惯将食指按压于上方

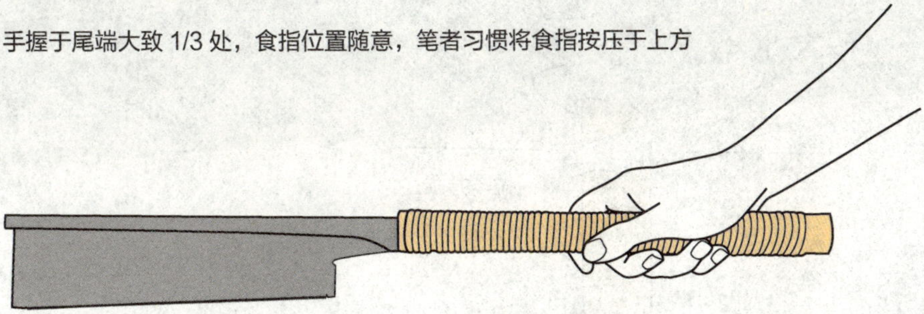

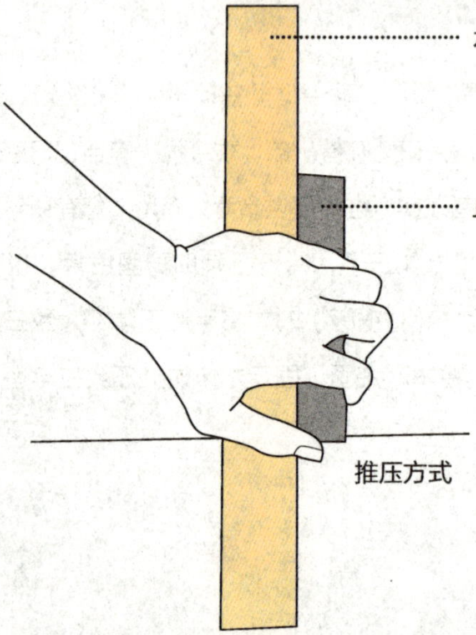
木料
止木（已经固定于桌子上）
推压方式

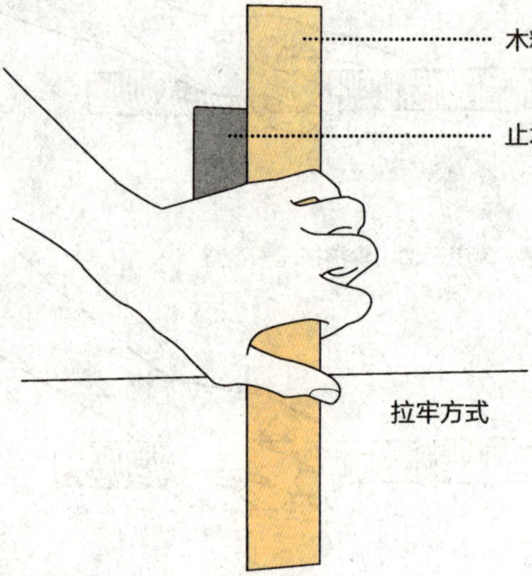
木料
止木（已经固定于桌子上）
拉牢方式

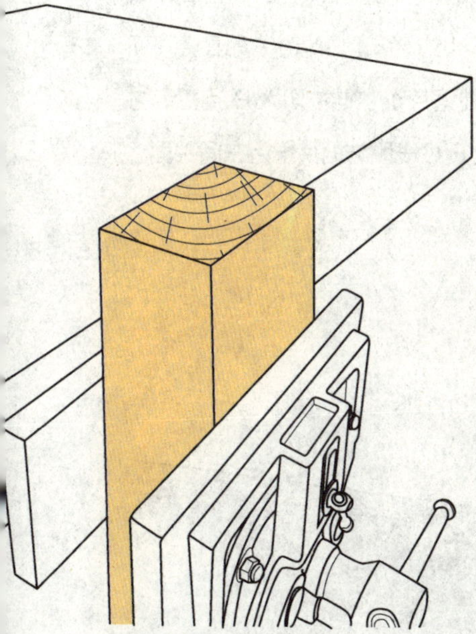

木料固定时也不宜过高，否则锯切时容易震动

纵开锯切时我们可将木料固定于虎钳上，纵、横锯切最重要的是固定好木料。

锯切刚要下刀的重点在左手（笔者为右撇子），左手固定木料时，大拇指轻放于木料上，超出木料一些，此时木料前缘、大拇指与锯子会形成一个三角面，通过此三角可看到锯子与锯切线的关系，稍微平移大拇指就可以微调左右，这时大拇指还是轻贴下方木料。

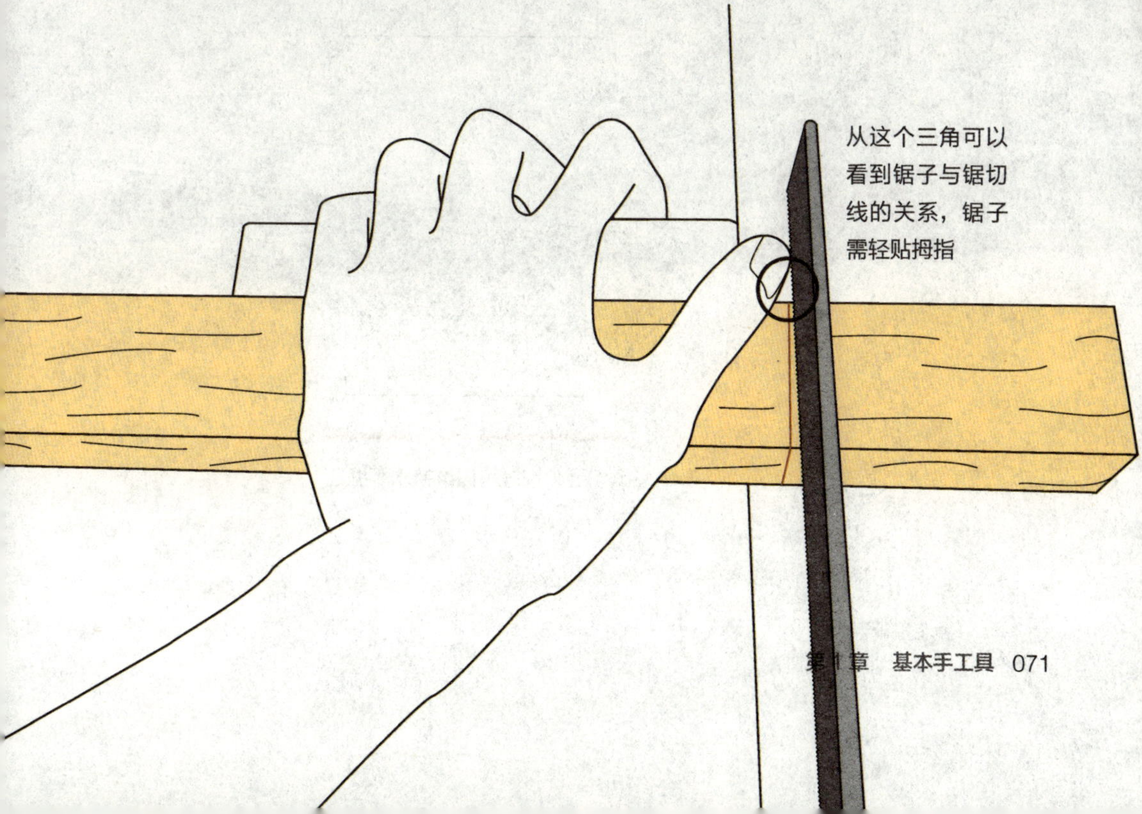

从这个三角可以看到锯子与锯切线的关系，锯子需轻贴拇指

现在知道如何下锯了，再来谈如何锯出直线。如图可看到 A 点、B 点与 BC 线段，将锯子把柄提高，锯切 A 点，维持切入的角度（大约 5° ），此时注意 B 点（不是去注意 AB 线段，容易切成曲线锯路，反而会卡住锯片），推拉切入 B 点后，才慢慢拉平锯切。BC 线段是我们的锯片参考线段，让 B C 线段与锯片维持在同平面，慢慢向下锯切。

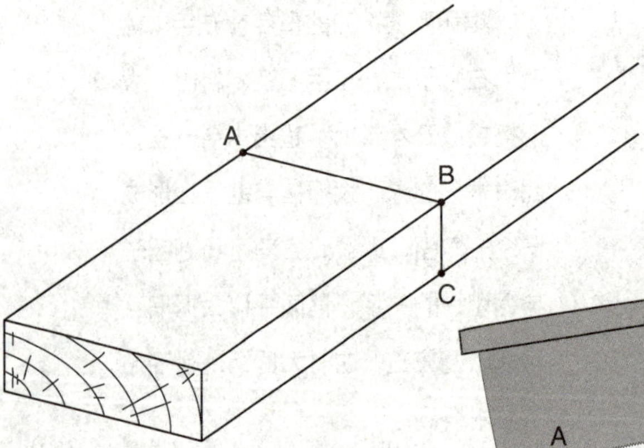

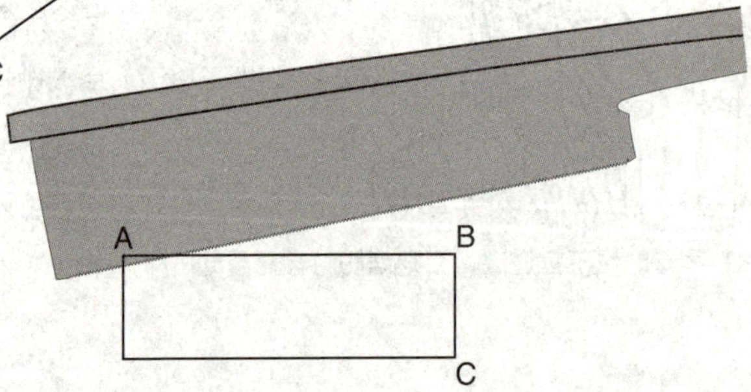

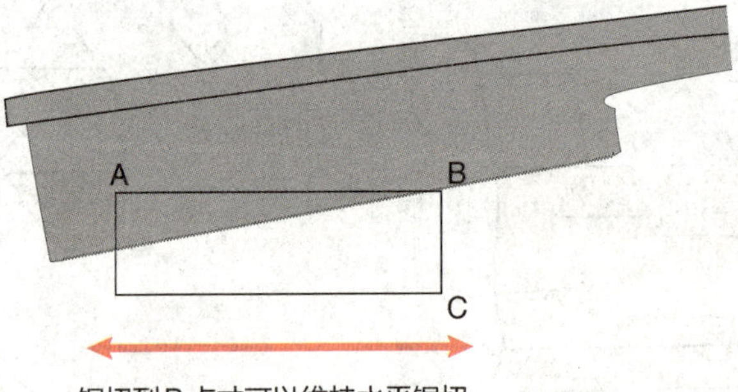

锯切到 B 点才可以维持水平锯切

手臂部分以肩为轴心，手肘前后摆动；双脚张开与摆动平行，身体侧身；不要让手部推拉碰撞身体，左脚在前屈膝，右脚在后笔直，可靠脚部开合调整锯切高度。锯切的力道不是用力下压，而是维持拉推，通过锯子的重量与些微手部的力量锯切。

右脚打直

左脚微屈

双脚开合调整高度，锯切时，身体不动

不同的人在锯切时手部摆动不尽相同，推拉过程如过分摆动会让内部凸起，导致锯切完成只看到前后锯路到位，但内部并未断开，此点需注意。

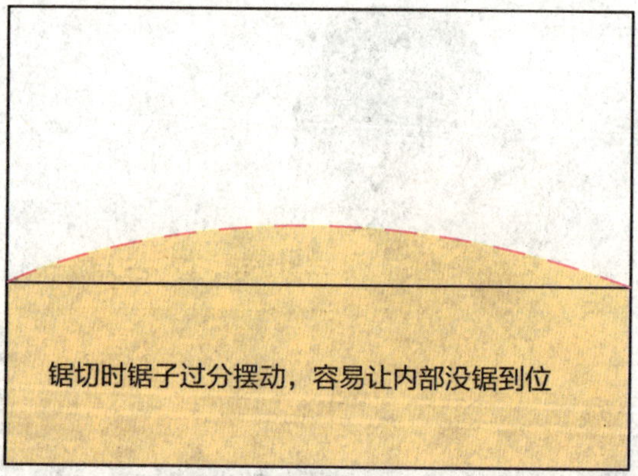

锯切时只需专注看着上面与正面线段，手部直线摆动，就可维持在所需要的直线上。锯切时当然可停下观看，如果有前面线直、后面线歪斜的情况，通常是锯切到后来手或身体歪斜了。如果一直无法改善，可请朋友替您录像，从推拉的前方拍摄，当站侧边锯切时，会发现自己可能经常自以为推拉于直线上，其实并没有。

◆其他手工具

◆◆钢直尺

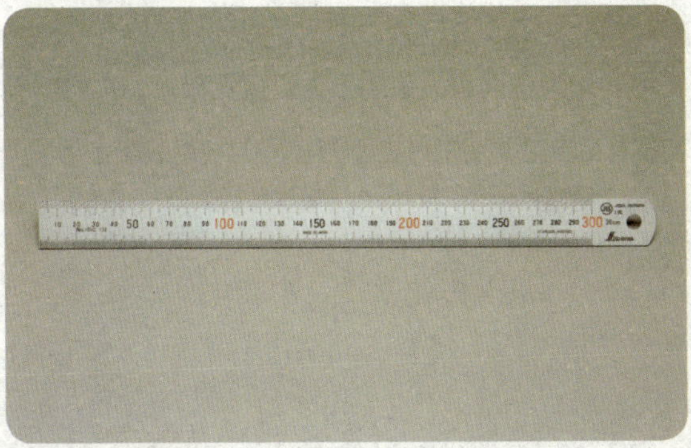

钢直尺上下都有尺度，如习惯使用公制，记得购买上下皆为公制的直尺，买到一边为英制的直尺不仅用不到，使用上也不方便，初学者购买 300 mm 直尺即可。

◆◆卷尺

卷尺与直尺一样，上下也皆有尺度，购买习惯用的尺度即可。卷尺拉开前端有 L 形勾片，勾片会晃动是正常现象，晃动距离等于勾片厚度，外部勾着量与内部推着量都可获得精准尺寸。

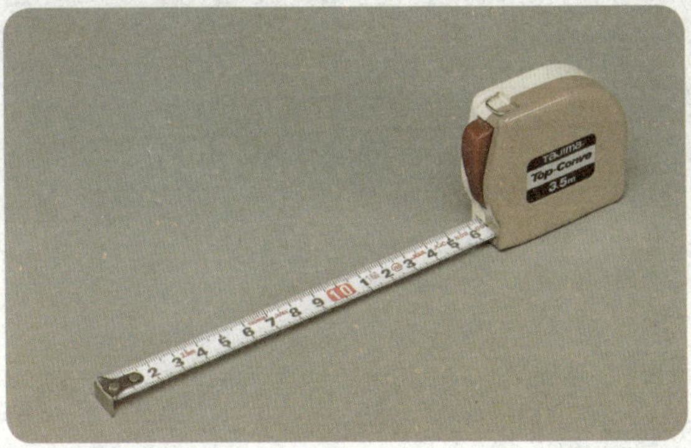

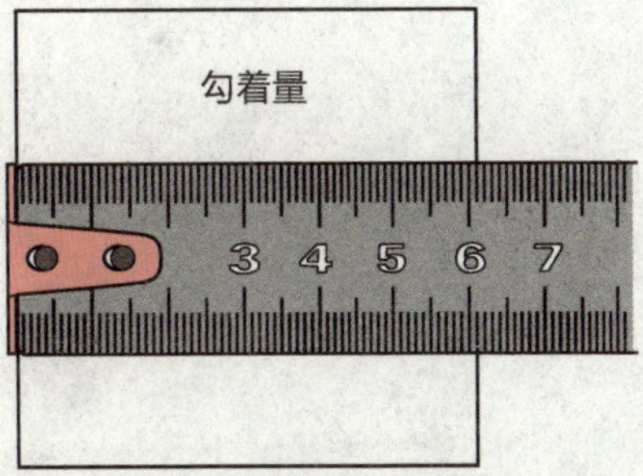

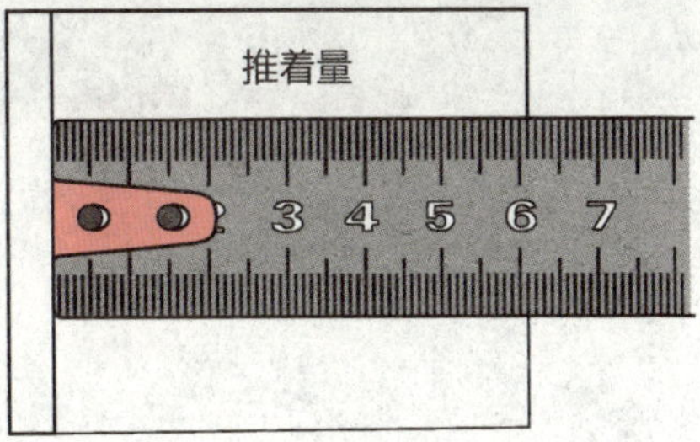

◆◆铁锤（尖尾锤）

这里要说的尖尾锤，一边为尖头，另一边为锤面。尖头用于铁钉沉孔敲打，木料劈裂时固定裂缝等。锤面部分平整，在细木工中主要用来敲击刨刀、凿刀与组装敲击等。挑选时，可空挥测试手感，顺手则可购买。

玄能锤两面皆为平面，一面微凸另一面全平。敲击钉子时，使用全平面可避免滑锤后击伤木头，待击到接近木面时，改用微凸面，可让木面有个微凹面，不会让锤边伤到木面。玄能锤也可用在细木工中。

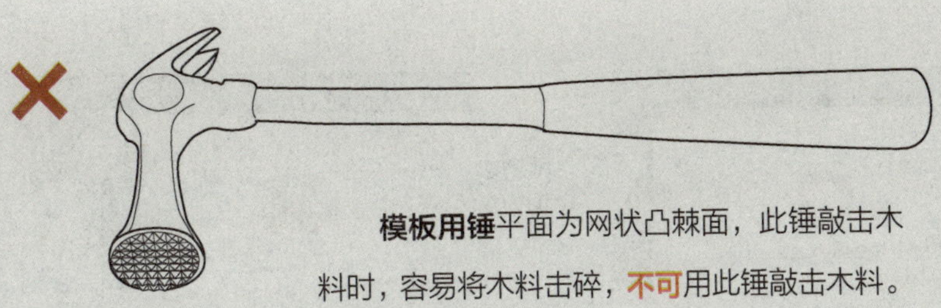

模板用锤平面为网状凸棘面，此锤敲击木料时，容易将木料击碎，不可用此锤敲击木料。

◆◆直角尺

直角尺是绘制垂直边线或测量木料直角所需的工具。使用时常有因手指按压位置错误，造成测量失准的情况。

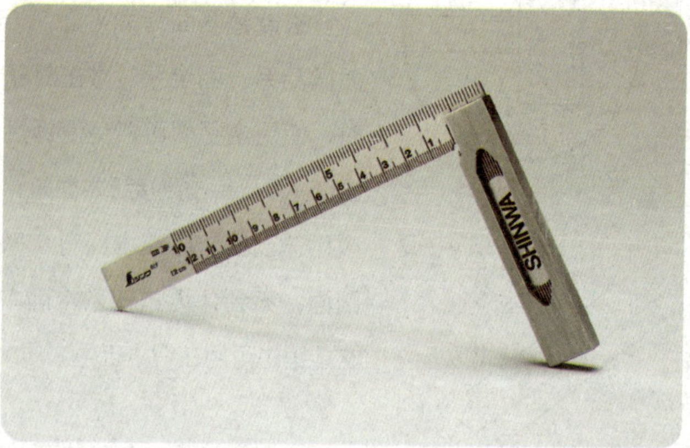

拿握于厚边中段，靠压好后向下靠触，来判断木料是否为直角。若拿握于上方，不管木料是否为直角，所测量到的皆为直角。

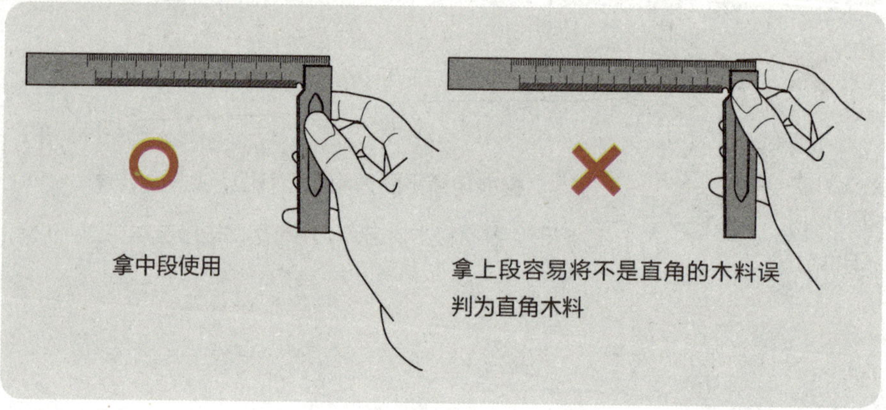

直角测量顺序如下图：

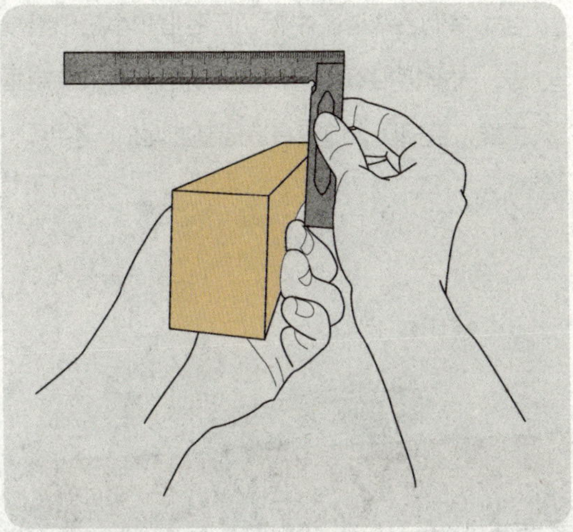

1. 拿着厚边中段，紧靠木料基准边

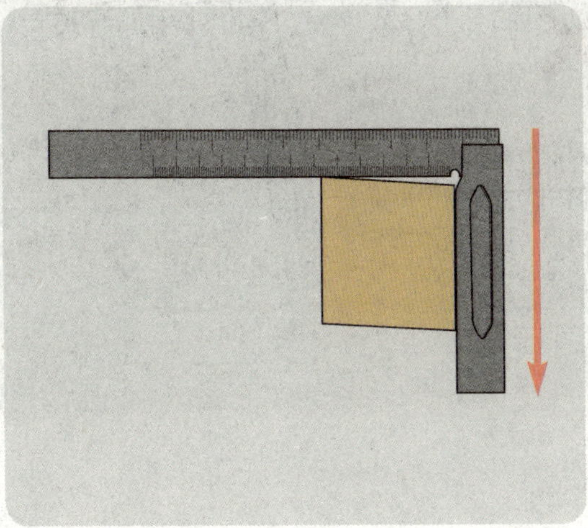

2. 向下滑靠至量测面

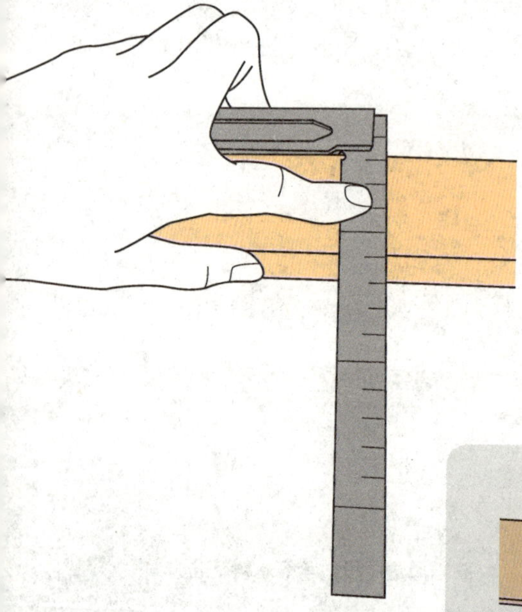

绘制直线时，中指、无名指和小指扣着厚边，大拇指扣着木料，食指压平薄边来绘制垂直线，若扣压太前容易造成基准面扣压不平。

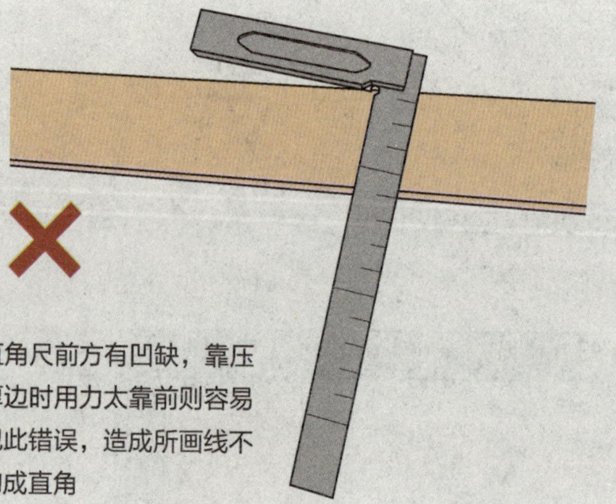

直角尺前方有凹缺，靠压厚边时用力太靠前则容易犯此错误，造成所画线不构成直角

◆◆ 45° 角尺

绘制 45° 线用，使用上与直角尺大同小异，但无法测量 45° 夹角。

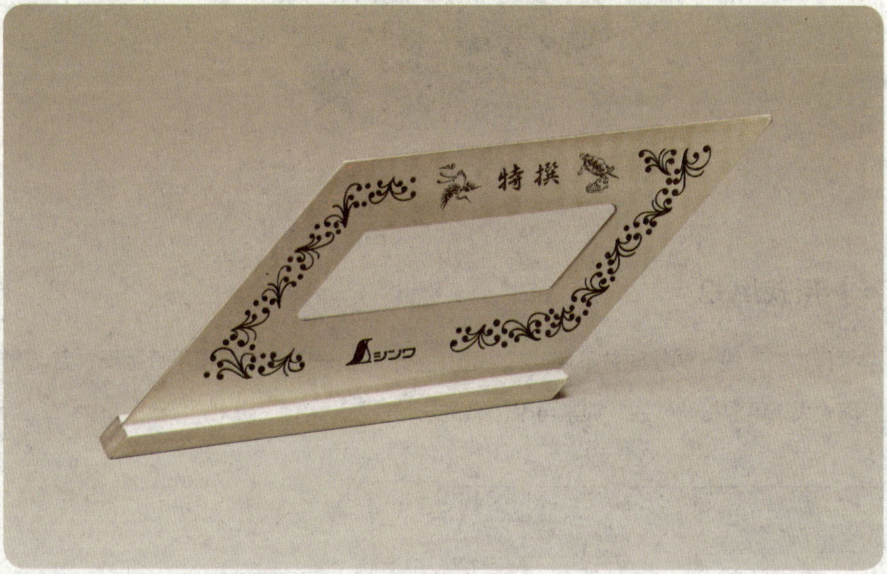

◆◆**平行划线规**

划平行边的刀线，调整时并不用放松，直接敲击调整杆前后来调整平行距离，若调整距离太大，可放松调整后，锁紧再敲击微调。

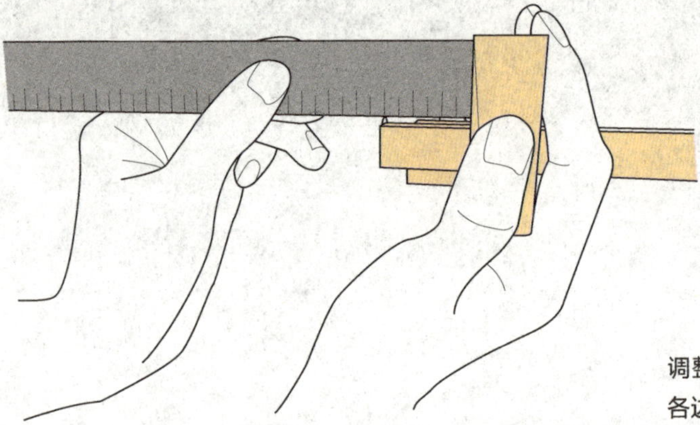

调整尺度时的拿法，直尺各边都需与抵触面垂直

调整至所需距离划线时，不可一次划太重，靠好木料，轻轻划线，若线不清楚，再划一次，划到看清为止。一次就划太重，容易跟着木纹跑掉而无法平行。使用上需注意不要刻划到非操作的位置，若刻伤木料，后续不好处理。

划线规手持法如图示，木料与划线规倚靠面要贴紧，划线时轻轻刻划木料，不清楚再多划几次，不可用力刻划

◆◆鸠尾规（燕尾规）

鸠尾规为制作鸠尾榫接的画线工具。鸠尾规的斜度有1：5、1：6、1：7、1：8几种，但不用太在意哪种结构最好，最重要的是密合度与自己喜欢的角度。

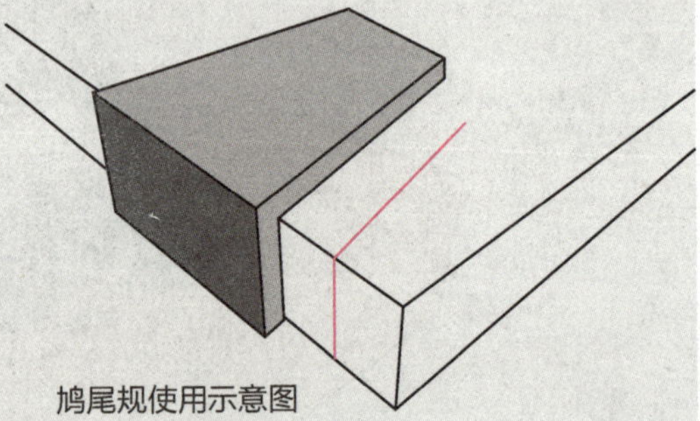

鸠尾规使用示意图

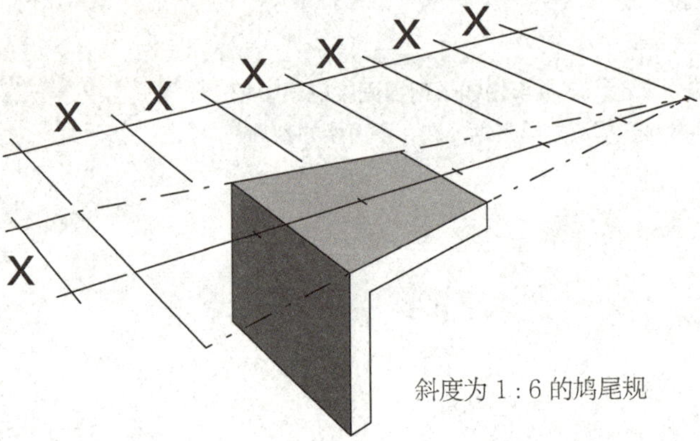

斜度为 1:6 的鸠尾规

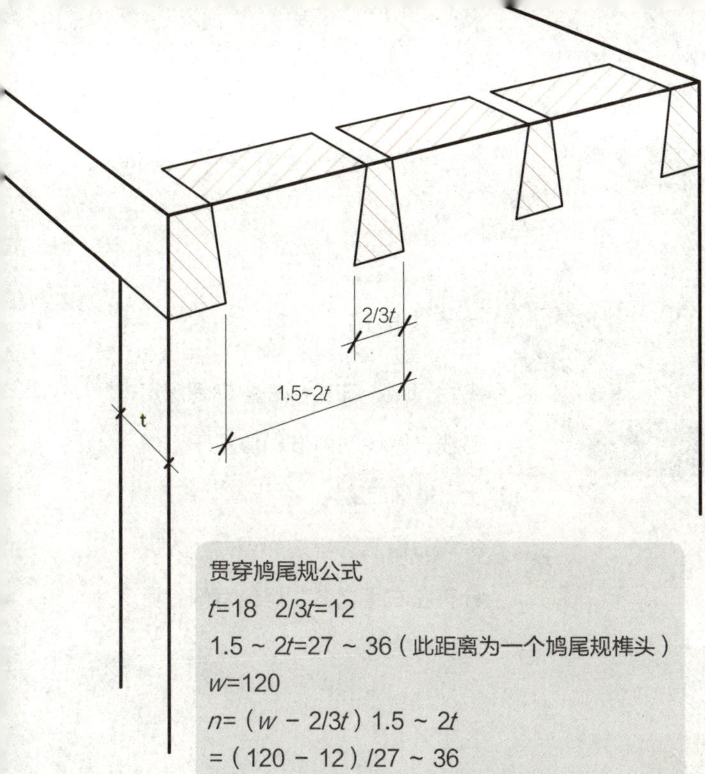

鸠尾榫的榫头与榫孔有个配比公式，给大家参考，当然并非绝对，也可以修改成适合作品的比例。

贯穿鸠尾规公式

t=18　2/3*t*=12

1.5 ~ 2*t*=27 ~ 36（此距离为一个鸠尾规榫头）

w=120

n=（*w* − 2/3*t*）1.5 ~ 2*t*

=（120 − 12）/27 ~ 36

=3 ~ 4 个鸠尾榫头皆可

t 为板厚

w 为板宽

n 为榫头数量

◆◆指接规（90°）

使用方式与上述鸠尾规相同，只是角度为 90°。

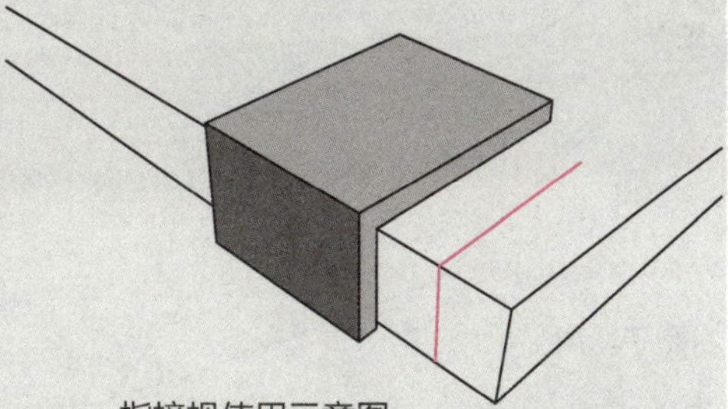

指接规使用示意图

◆◆尖尾刀

尖尾刀用于在木头表层刻划深度刀线，可让凿刀准确放置于刀线上，精确加工。

尖尾刀通常为单边斜刃刀，大部分有左右手之分，但也有两者皆可用的尖尾刀。

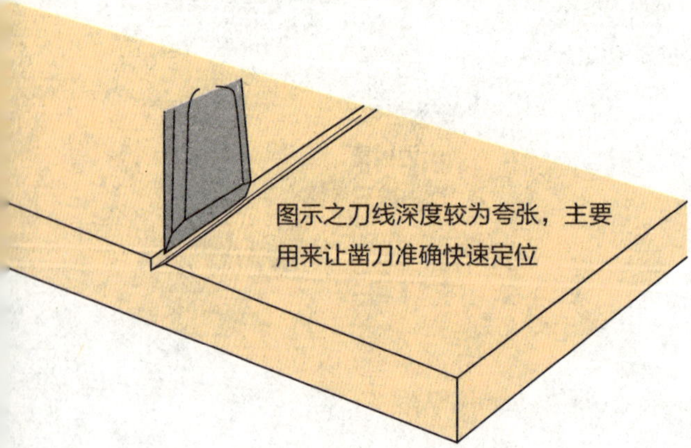

左右撇子都适用

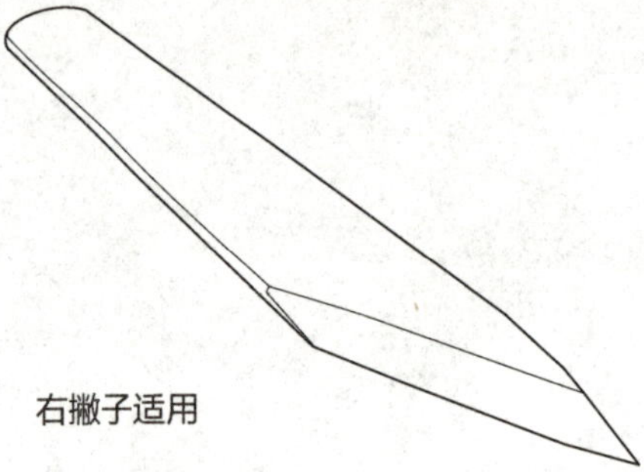
右撇子适用

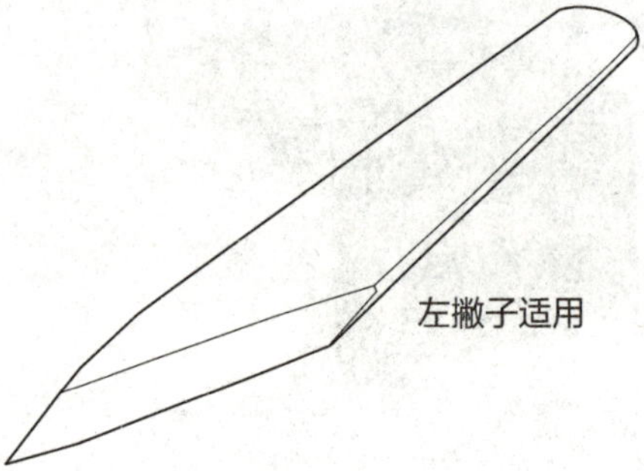
左撇子适用

两种刀在刻划木头后形成痕迹的差异

如果初学者还没有尖尾刀可用，可以美工刀代替，但美工刀所刻划为双斜刃刀线。

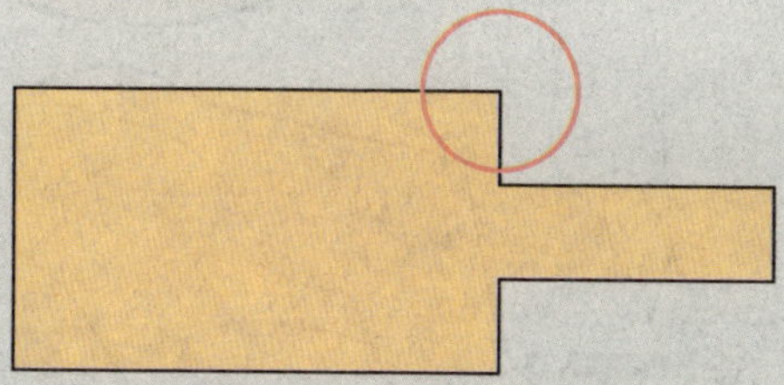

单斜刃刻划效果

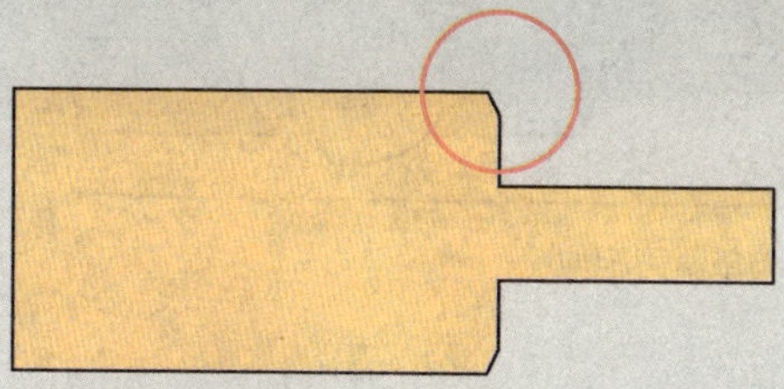

双斜刃刻划效果

单斜刀与双斜刀的差别在于：双斜刃刀线无法于制作完成后呈现完美直角。

但其实初学者的榫头密合程度不会因这小角落而有所影响，其他地方才是更需注意的。其实美工刀若偏摆个角度，所刻划出的刀线也与单斜刃相似。

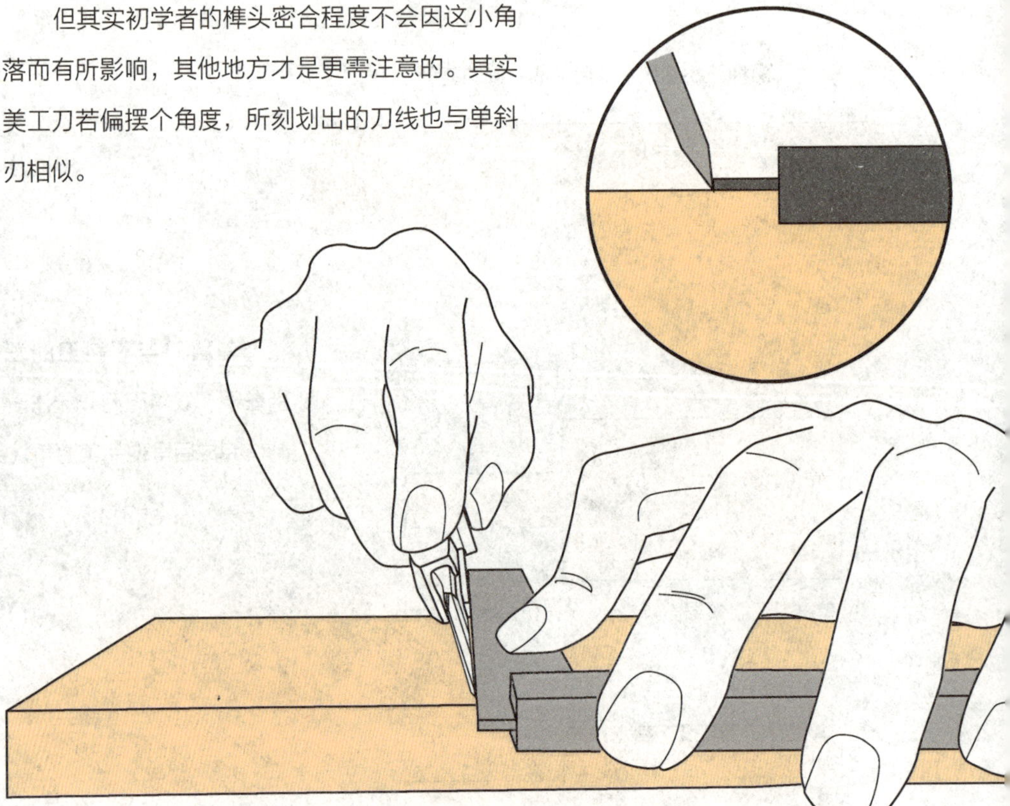

偏摆角度的美工刀，所刻划出的刀线也可与单斜刃相似

◆◆木工钻头

木工钻头应该归类为电动工具，但它在钻孔时很重要，特在此节提出，预防读者买错，因为有些人会使用金工钻头加工木料，而实际上应使用木工钻头。

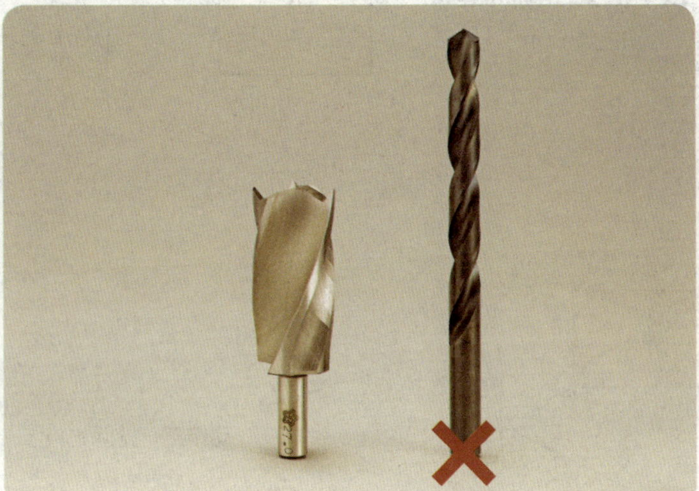

木工用　　　　金工用

木工钻头于钻孔加工时，有三个动作：

动作一，中心锥点出中心

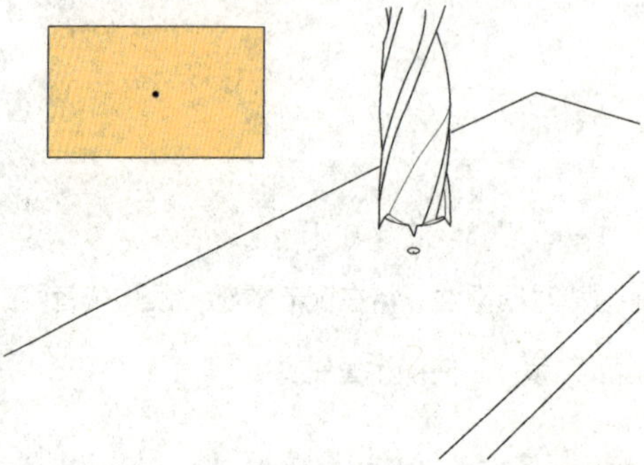

动作二，两边割刀割断木理

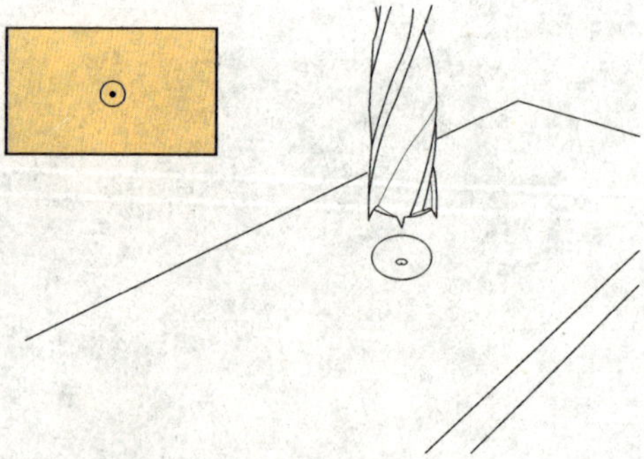

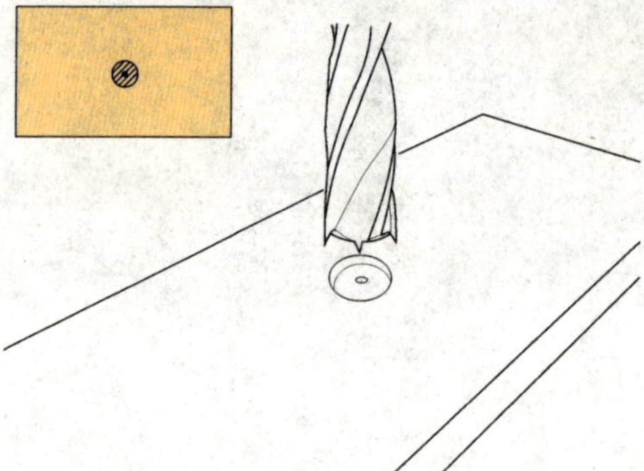

动作三，挖除木料

木工比金工多了中心锥与割断木理部分，金属并没有纹理问题，金属加工时会先钻出导引小孔预防中心跑掉，但木工如果需钻大小孔，需先钻大孔再钻小孔，钻完大孔还会有中心孔可钻小孔。

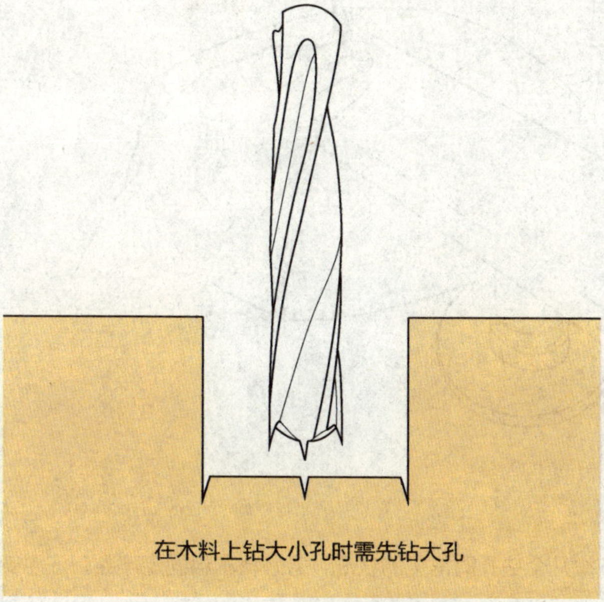

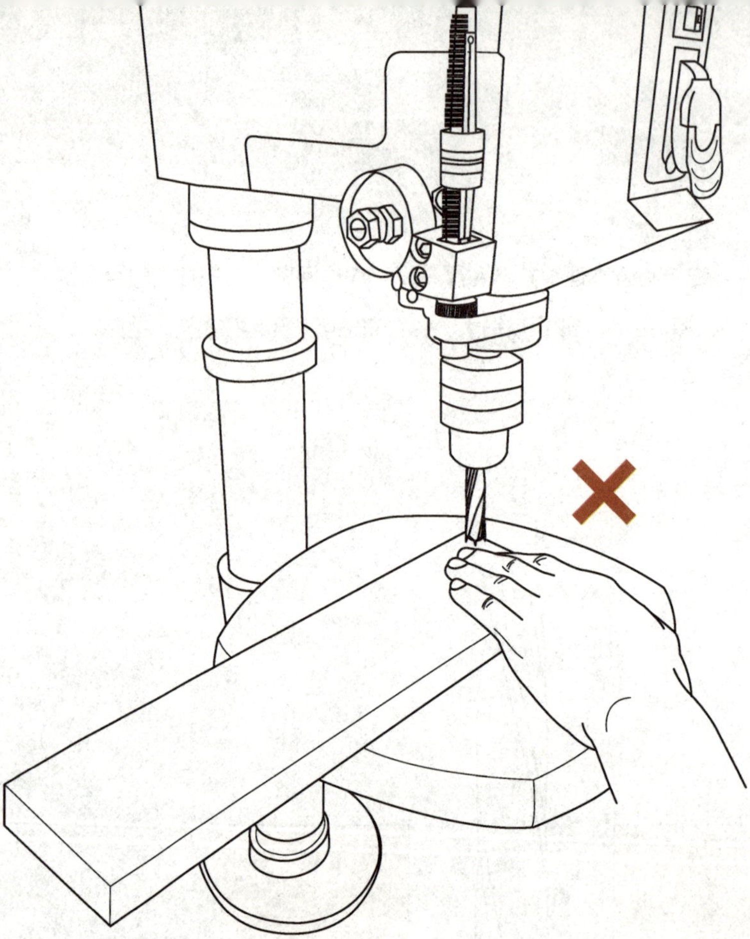

以下列举几个钻孔时常见的状况，务必将木料固定牢靠，注意安全：

一、木料不稳：如圆棒、底面不平等。

二、木料过大时：如上图，需注意手不可置于钻头下，尤其是在固定后，卸下夹子，木料会因杠杆作用掉落，容易使手碰触钻头而受伤。

三、钻非全圆孔时：钻非全圆孔，只要钻头没有钻出整个孔都算，其中心点没碰到木料都有可能让木板偏移失准，也容易受伤（如上图）。

四、加工大孔时：例如孔径大于 30 mm 以上，将木料固定较为安全。

五、小物件：加工对象较小时，手指按压距离钻头太近，有受伤的可能，最好制作模具加以固定。

第 2 章
木材

木材种类繁多，也极其复杂，相同木材也会因为环境与气候产生较大的差异。对于木工初级阶段的学习，可以不用深入了解木材，当然愿意深入了解更好。但需要了解木材的特性，以挑选适合其性质的工具进行加工，及更好地利用其性质进行设计，这样可使木工之路走得顺畅、安全，所制作的家具亦更耐用。因此，用到的木料是多大的尺寸？单位是什么？价钱应该怎么算？不同木材又有什么等级区分？这些都是我们不可忽略的。

繁多的木材种类，主要分为两大类——阔叶树（硬木）与针叶树（软木）。阔叶树一般为被子植物，通常较硬；针叶树主要为裸子植物，通常较软。而阔叶树与针叶树的硬软度并非绝对，也有例外，如针叶树（软木）未必好加工，阔叶树（硬木）也不一定难修整。针、阔叶也无法断定哪种好，适其性，用其所，虽然说得容易，但有时需要了解其特性，也需要大量累积经验与相关知识。本节谈到的木材特性与知识非常粗浅，若有兴趣者可以继续深入研究。

◆取料与木纹

原木加工锯切时，平行年轮可以锯切成弦切板（山形纹），垂直纹理可以锯切成径切板（直纹），但与年轮非垂直的斜切板也是直纹，如图中所示，可以看出所使用的木料取自哪个区块，或想要的纹理应该取自哪里。

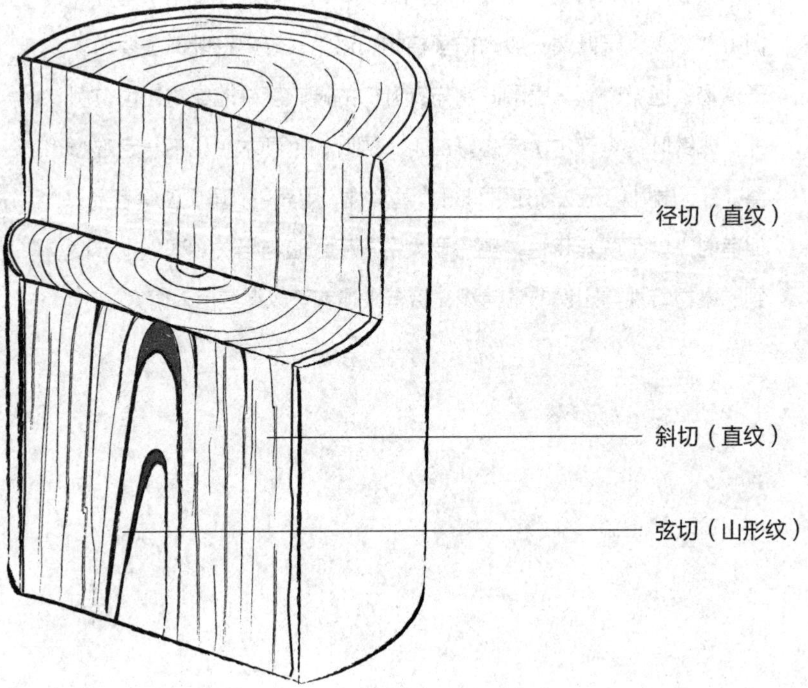

◆收缩与变形

树木砍伐后，木材会慢慢干燥至与空气的含水率相同（平衡含水率），干燥过程中木材水分减少。而木材中有两种水，其一为结合于细胞壁中的水（结合水），另一为细胞腔中的水（自由水）。干燥时细胞腔的水分（自由水）会先减少，此时木材只会减少重量。当细胞腔中无水分，而细胞壁的水分（结合水）饱和时为纤维饱和点，结合水减少时，木材开始收缩。木材收缩膨胀比——弦向约为径向的两倍，故径切木料翘曲变形较平均。

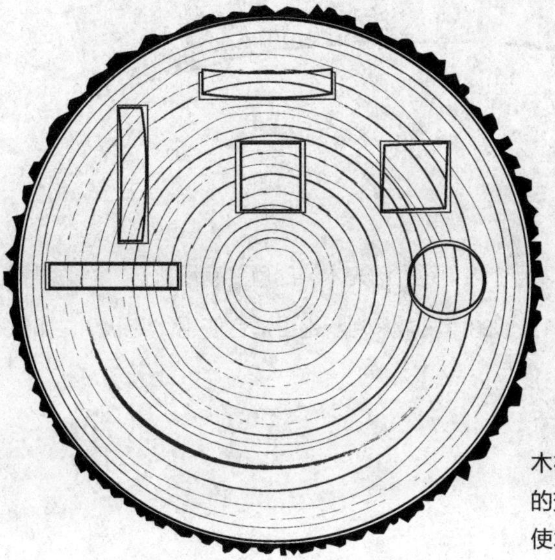

木材制材后，放置到制作时常看到的变形状况，弦、径向不同收缩率，使木料于不同位置的变形状况

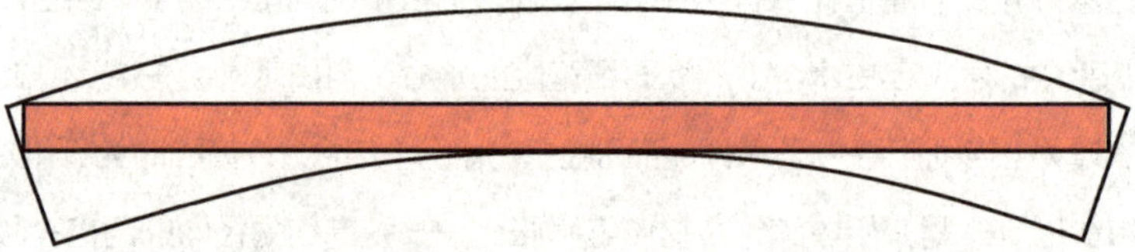

变形后的宽板若还取作宽板，会造成木料厚度不足。如果取角材可以先做裁切

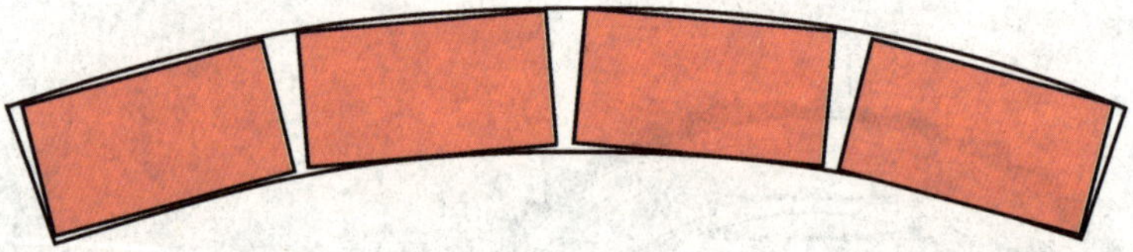

而这些变形会造成所要取材尺寸的不足，刨光木料时就要有所挑选，避免浪费。需要先判断取料的宽窄，与木料变形的情况，来判断是否适合使用此变形料，如果不适合，可以留着下次取小料时再使用。

弓形与驼背变形建议先裁切长度，可以避免较多浪费，瓦状变形则建议先裁切宽度；扭转变形如果严重，建议裁切小料较为省料，不过实际上还是要考虑变形现状去裁切。

取料时常见变形

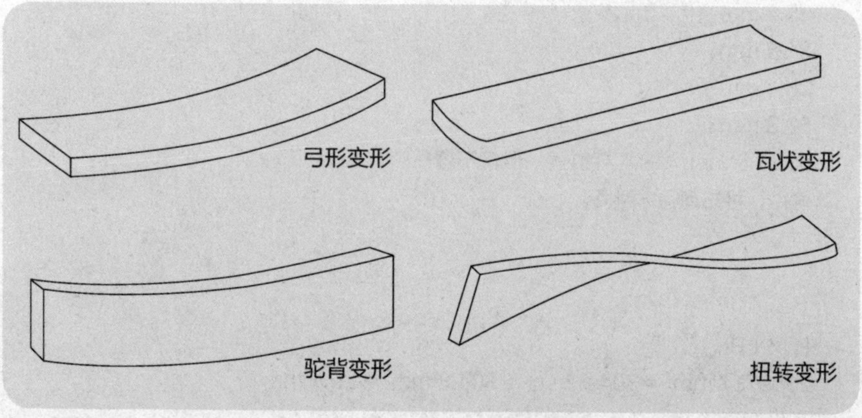

上述变形皆为毛料变形状况，完成成品时，因环境含水率变化，也可能再度变形，严重的还会造成结构脱开、木料开裂，所以选用宽面板材时会对现阶段含水率与未来含水率进行预估，然后计算出木料变形率，再去做浮动结构设计。

◆材积

购买木料时，不同木料商与制材厂所说的单位并不同，购买前应先询问清楚。通常为板尺（board-foot）与立方米。

使用板尺为单位的通常为进口商，而木料商的毛料厚度有其标准。

> 毛料厚度一般有四种标准：
> 25.4 mm
> 31.8 mm
> 38.1 mm
> 50.8 mm
> 比 50.8 mm 大的木料也有，但较不好购得，可先询问木料商。

> 板尺（BF）
> $2359737\ mm^3 = 304.8\ mm \times 304.8\ mm \times 25.4\ mm$
>
> 立方米
> 1 立方米 =100 厘米（长）× 100 厘米（宽）× 100 厘米（厚）
> $1000000000\ mm^3 = 1000\ mm \times 1000\ mm \times 1000\ mm$
> $1000000000\ mm^3 / 2359737\ mm^3 = 423.77$ 板尺

从上述的两种单位可看出 1 立方米大约等于 424 板尺。购买前要询问清楚，避免不同单位造成误解与损失。

◆分级

木材购买前还有一项需要确认，就是木材等级。

此部分所说明的是美国硬木板材 NHLA（National Hardwood Lumber Association）的分等规则，而此粗略说明由高至低 3 种等级，如想深入，可上 NHLA 网站（http://www.nhla.com/）了解。

FAS

原意为第一和第二级，指一块木料长大于 2438.4 mm，宽大于 152.4 mm，其净面积达 83.33% 以上，可裁取最小规格长 2133.6 mm× 宽 76.2 mm 或长 1524 mm× 宽 101.6 mm 的净面积。

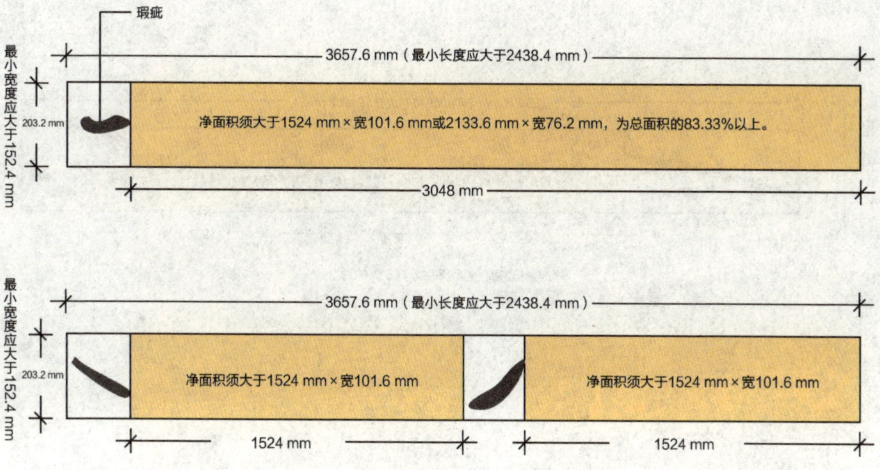

净面积相加须为总面积的83.33%以上。

No.1C

此等级指一块木料长大于 1219.2 mm，宽大于 76.2 mm，其净面积 66.67% 至 83.33%，可裁取长 609.6 mm× 宽 101.6 mm 或长 914.4 mm× 宽 76.2 mm 的净面积，数量因木料面积而异。

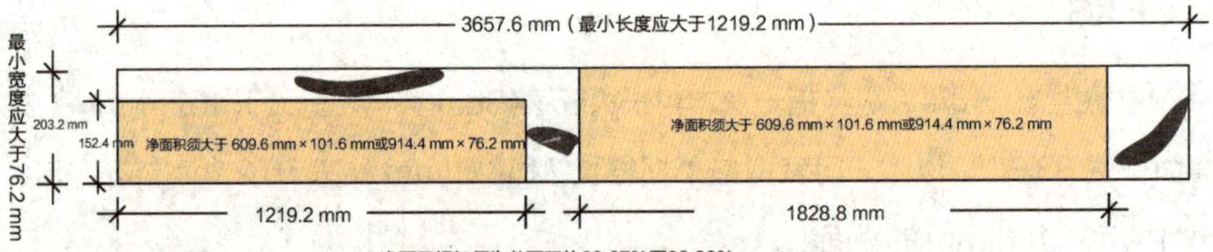

净面积相加须为总面积的66.67%至83.33%。

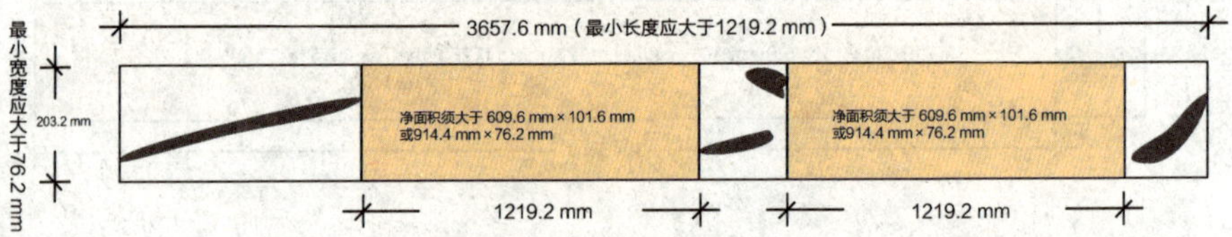

净面积相加须为总面积的66.67%至83.33%。

No.2AC

此等级指一块木料长大于 1219.2 mm，宽大于 76.2 mm，其净面积 50% 至 66.67%，可裁取长 609.6 mm × 宽 76.2 mm 的净面积，数量因木料面积而异。

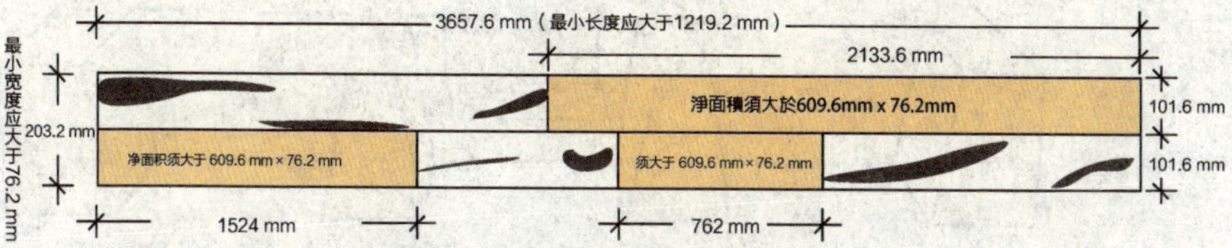

净面积相加须为总面积的50%至66.67%。

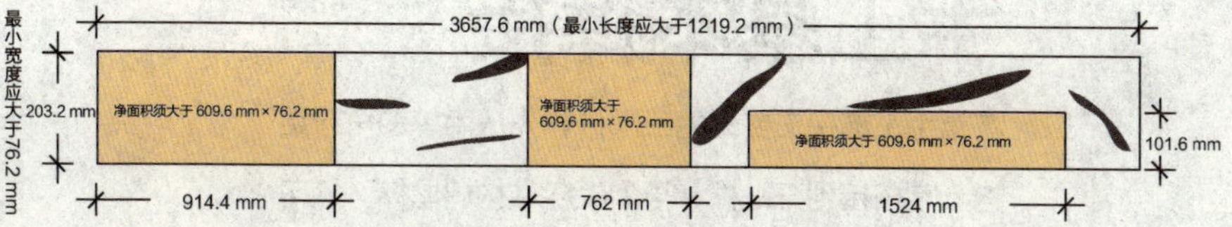

净面积相加须为总面积的50%至66.67%。

以上粗略区分，如要裁取较大的面材应购买 FAS 级较适合，如要节省取材时间也建议选用 FAS，等级高费用也相对高，但要制作小物就可选择 No.2AC，而所有等级适用所有厚度。购买木料前，务必与商家确定所需要的厚度与等级，这在价钱上影响很大，也避免造成许多麻烦。

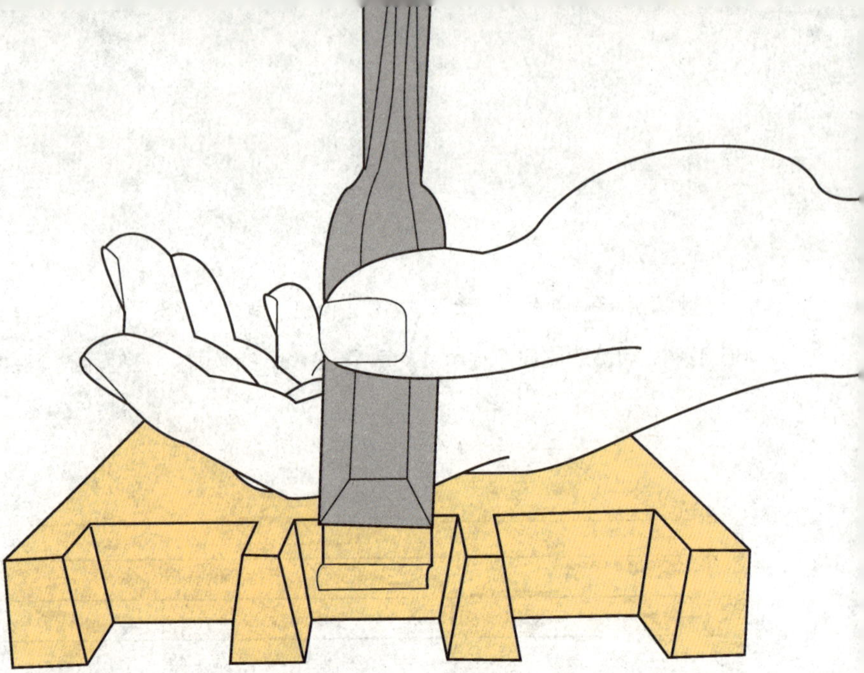

第3章

手工基本榫接

本章手工榫接主要分为三部分，先从简单的角料结构十字搭接到三缺榫，再到板料结构鸠尾榫。练习前，建议先将整个小节看明白，再开始动手操作，当然之前章节的工具研磨与使用方法，也务必了解。如果同时学习这几种榫接，在练习后觉得已经达到自己的既定标准，我们最后有个小小的成品练习——制作一张小凳子（详见本书第152页），也可以将小凳子改变尺寸，变成可以移动的沙发桌！

◆十字搭接（角料结构）

十字搭接由两个相同结构接合，缺口宽度与另一木料尺寸宽度相同。

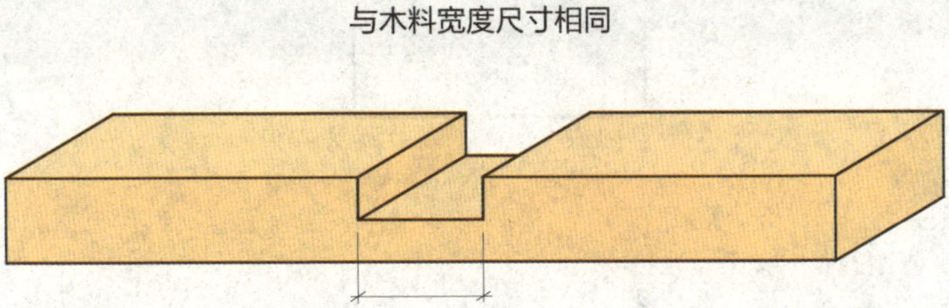

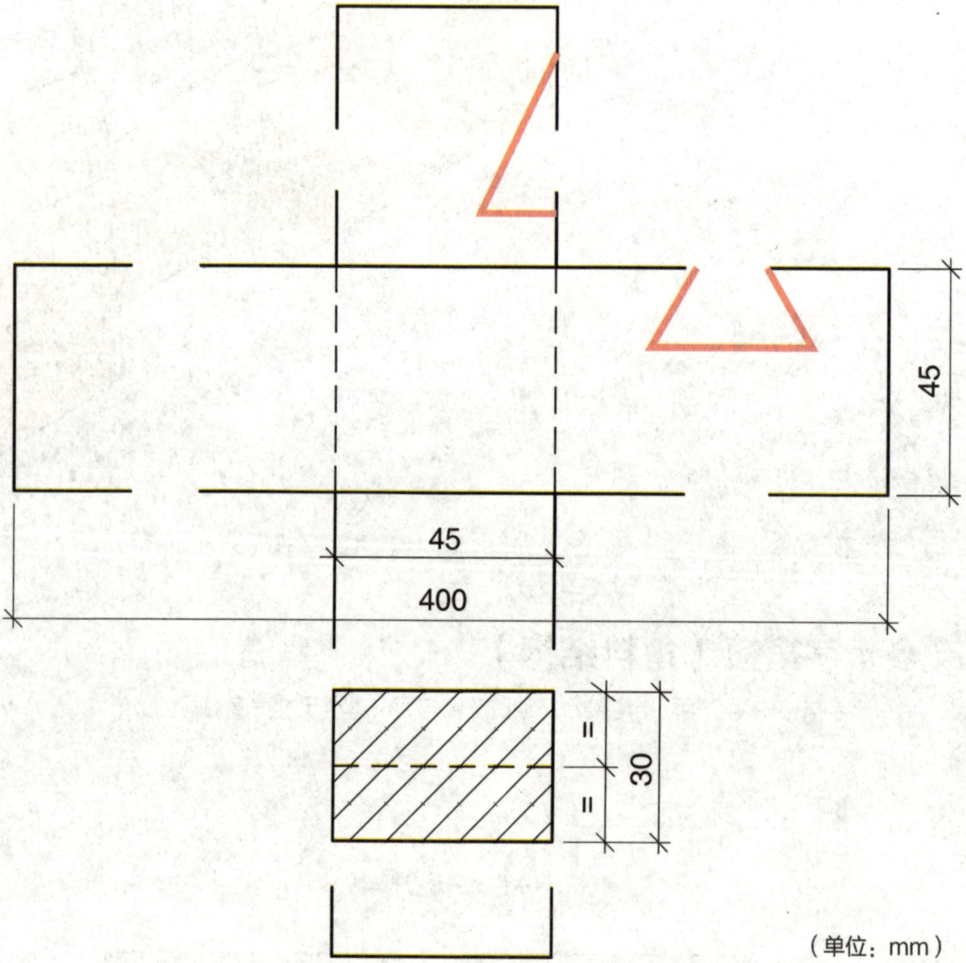

（单位：mm）

制作前我们先照着图面准备木料，木料长度 400 mm，长度可以多预留 10 ~ 20 mm，如果木料表面不是非常粗糙，变形量不大的话（放置于平面上，缝隙没有超过 1 mm），宽度与厚度多 3 ~ 4 mm 就可以。但是每个人在刨光木料定宽度和厚度时，所需的预量不同，多刨几只木料后，就会较为清楚自己大约需要预留多少。手工刨光其实会比机器刨光所需的预量来得少，机器刨光大约需 6 mm。当然图面尺寸可以自己修改，但是厚度不要修改得太薄了，图面 30 mm 已经足够，尤其对于初学者来说，木料太薄制作过程容易倾倒受伤。

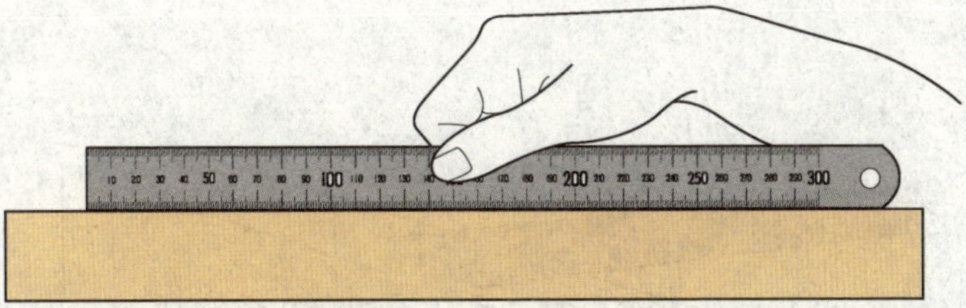

刨平、检查平整度

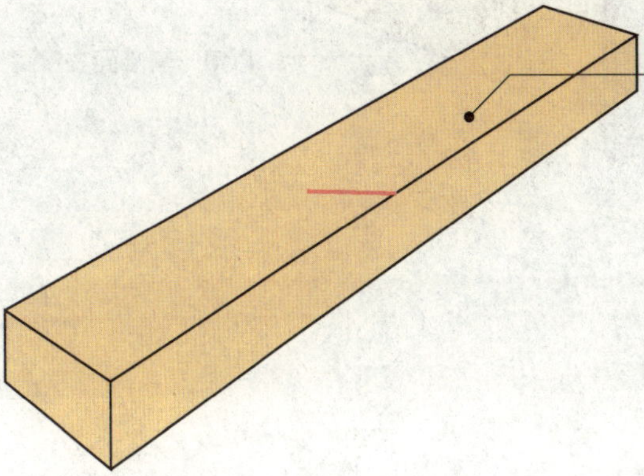

第一基准面，我们画条蜡笔线

准备好木料后，先将木料一面刨平，对着光源观看平整度，刨到没有透光。刨光整平后画条蜡笔线（推荐 2 mm 工程笔），作为第一基准面记号。

使用直角尺（注意事项详见本书第 78 页）依靠第一基准面来量测。如发现右边较高，可依下页图示处理。

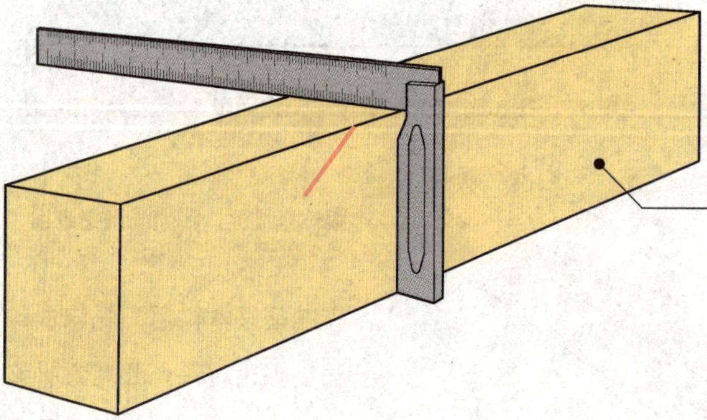

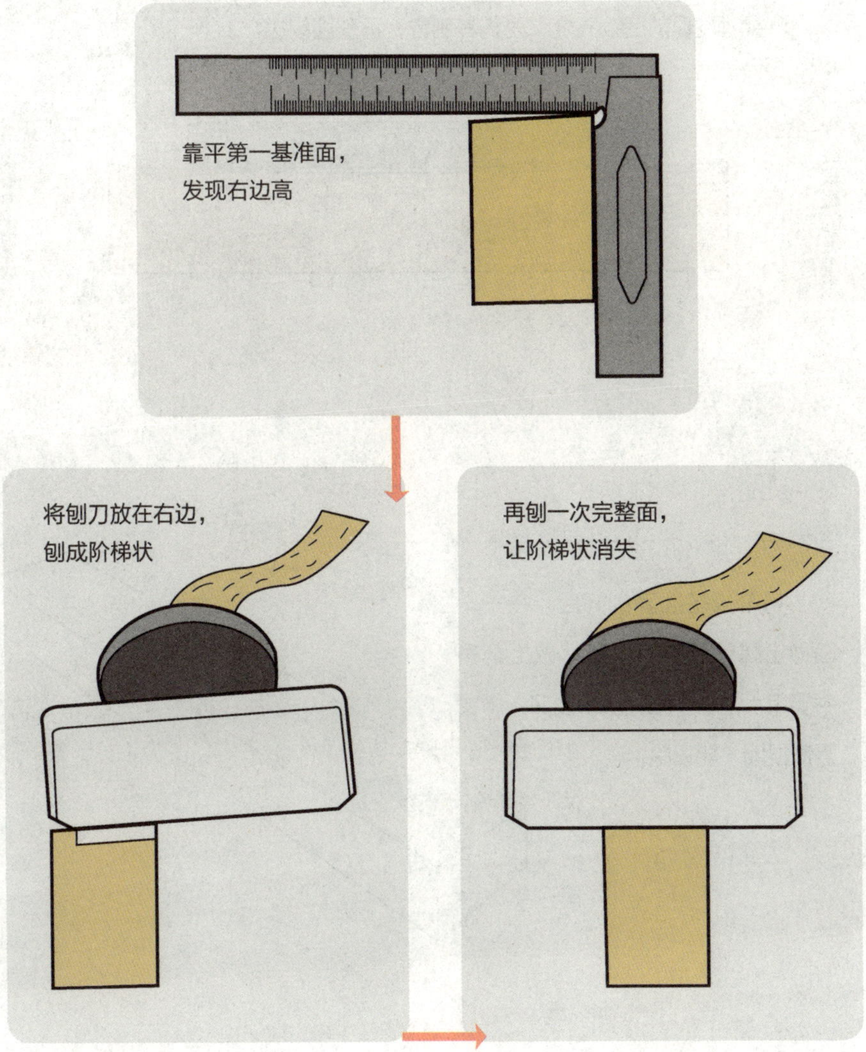
靠平第一基准面，
发现右边高
将刨刀放在右边，
刨成阶梯状
再刨一次完整面，
让阶梯状消失

测量时发现前后较高处，先将其刨去，再整面刨过。

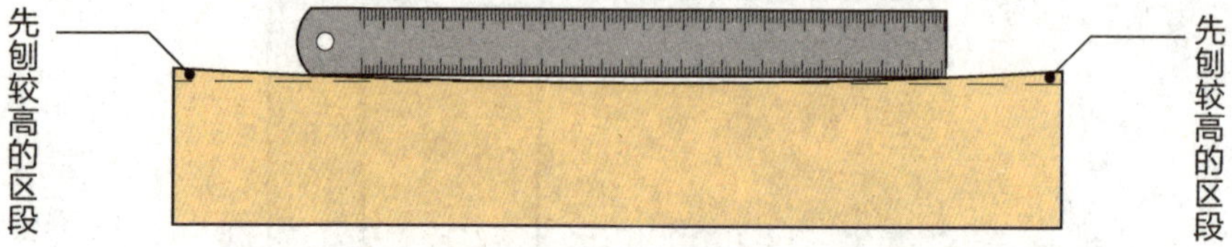

将第二基准面刨好后，在一、二面做上蜡笔记号。用蜡笔做上记号，不要用水性笔，因其墨水会深入木头，需刨很厚才能去除。

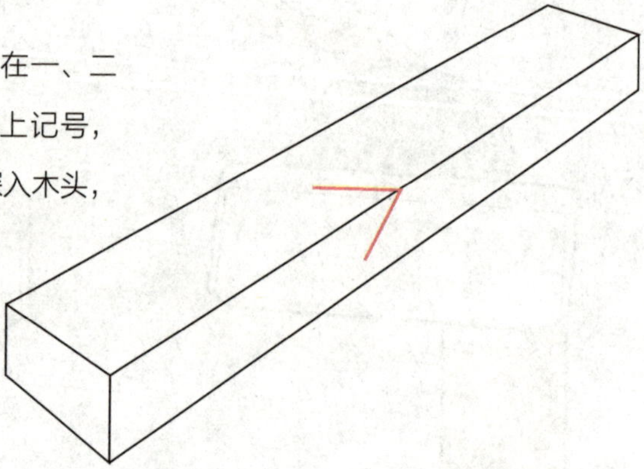

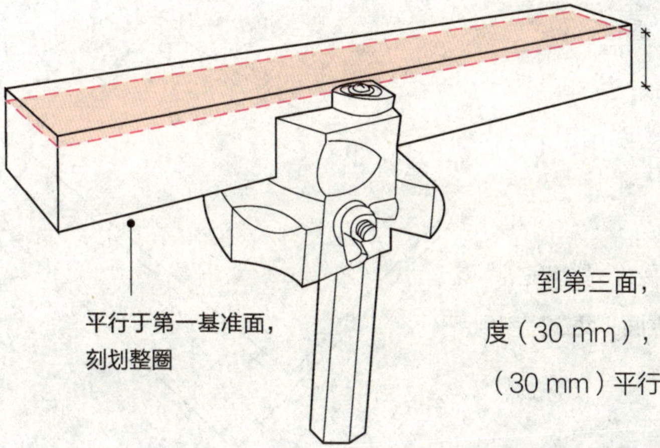

到第三面，调整划线规到所需厚度（30 mm），刻划出第一基准面的（30 mm）平行线。

接下来刨到划线规所划的线，第四基准面将划线规调到45 mm，做相同动作。木材刨好后，锯切成400 mm长。

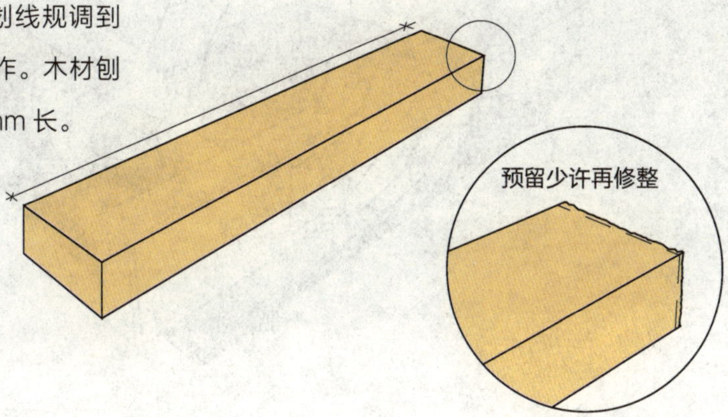

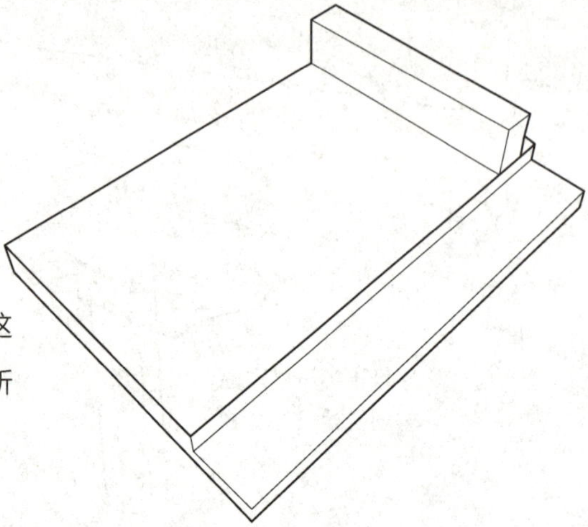

锯切端面通常不平整、影响美观，这时可利用刨台来修整端面，两边皆刨到所画 400 mm 的线处。

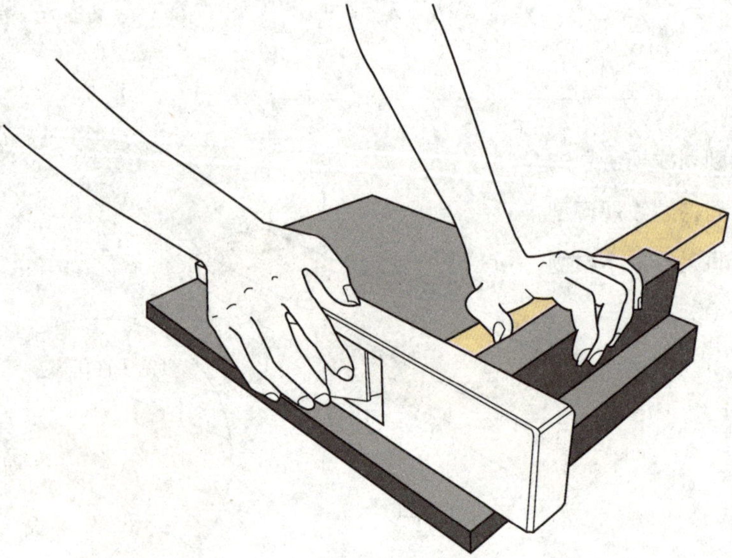

现在我们处理好木料的六个面了，接下来要开始画线了。

画线有三种，切记三种皆不可少，务必养成习惯，避免以后因制作错误而需要换料。

一、三角记号：为了确认每根木料正确的位置，木料左右、上下、前后都需要固定位置，避免上胶或配合时搞错，造成不密合或尺寸错误，尽量使用蜡笔做记号。

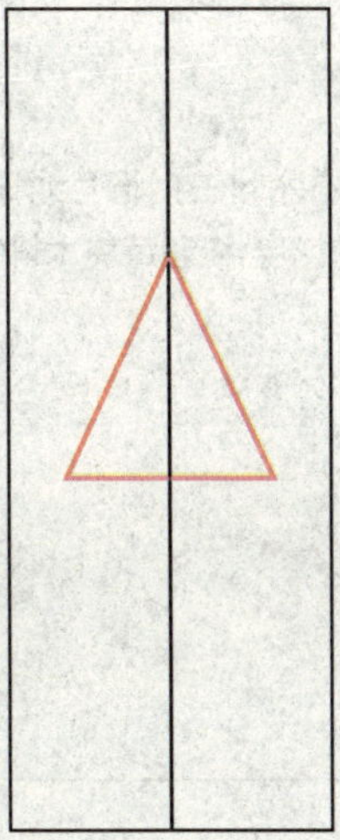

左右木料三角记号

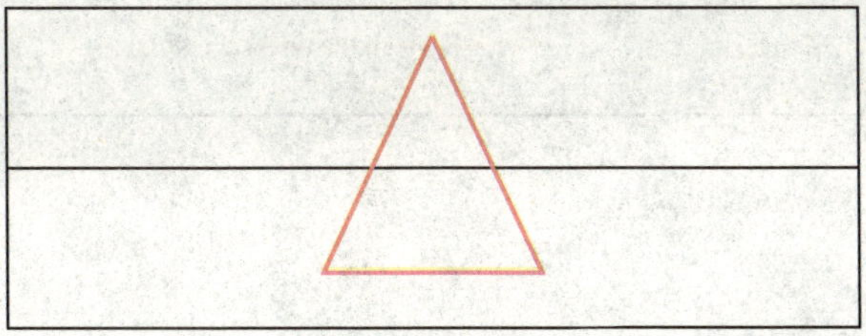

上下木料三角记号

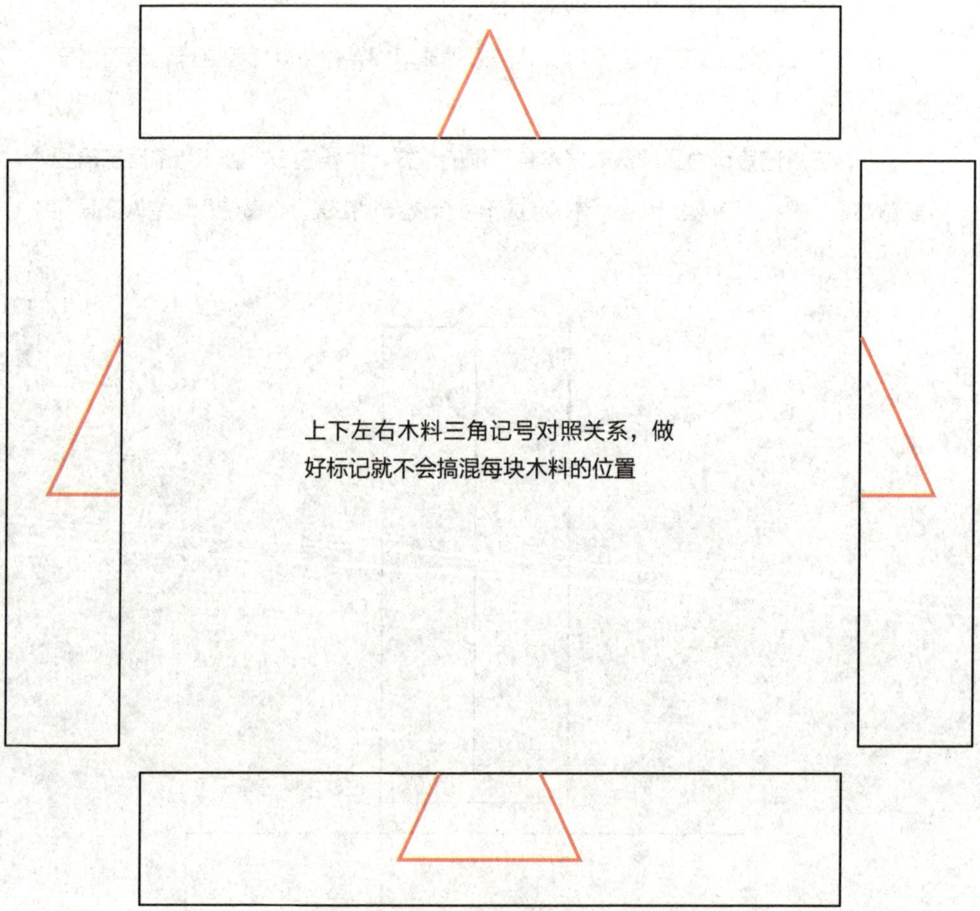
上下左右木料三角记号对照关系，做
好标记就不会搞混每块木料的位置

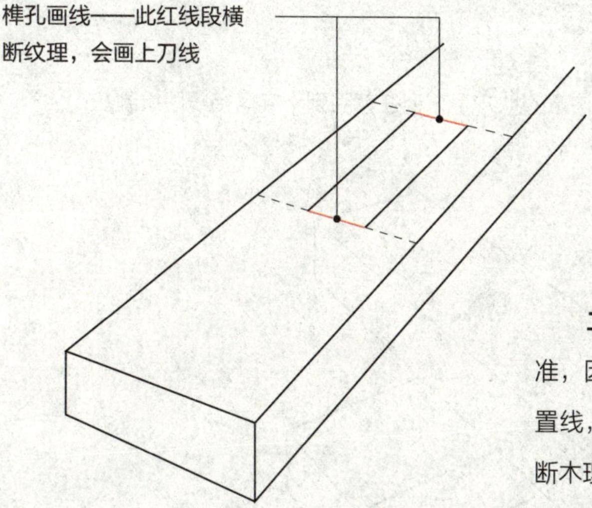

二、制作线：此线需要精准，因为是加工制作时实际的位置线，以及通常在需要加工的横断木理线上，加画上尖尾刀线。

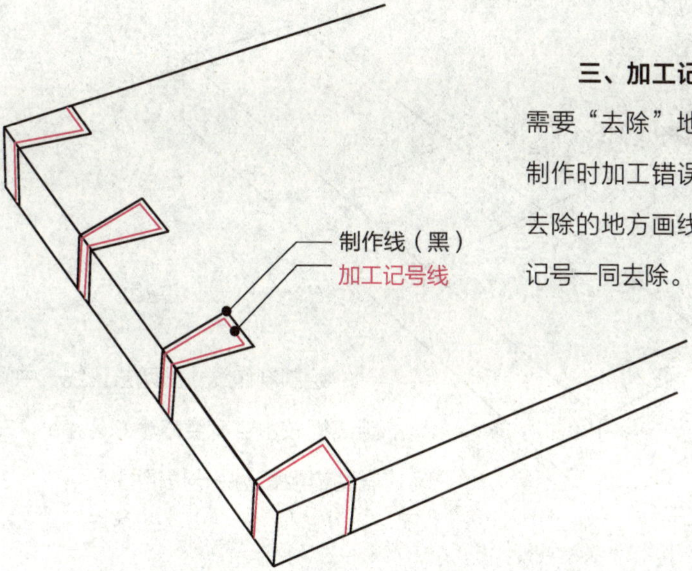

三、加工记号线：此记号为需要“去除”地方的标记，避免制作时加工错误。也就是将需要去除的地方画线，制作时刚好连记号一同去除。

想必都已经了解画线需注意的地方了，现在就回到十字搭接线段绘制。

绘制三角记号线：

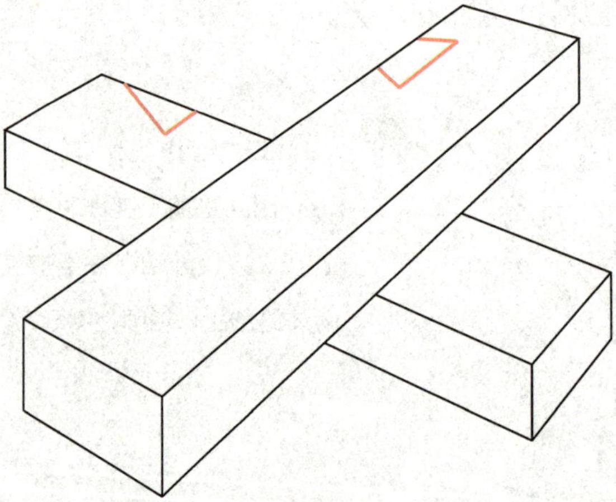

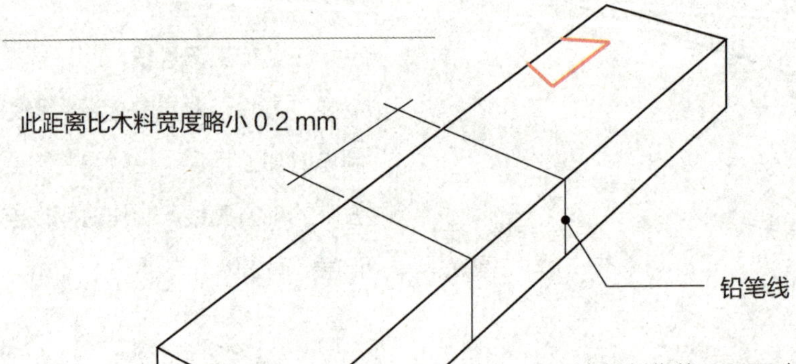

绘制制作线：画两方正线，中间距离相较木料宽度略小 0.2 mm，左右两边相等（另一根相同）。

接着调整平行划线规，厚度为 15 mm，将划线规的倚靠面靠着三角记号的面（此点非常重要，务必将两块木料都倚靠记号面，这样完成之后才会平整）。

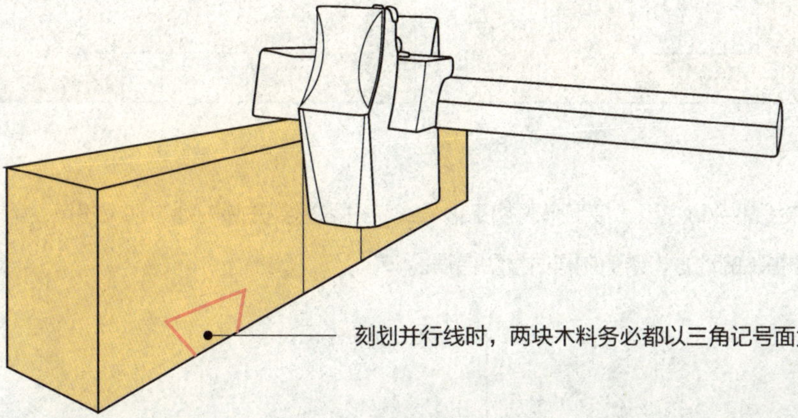

平行划线规所划的线为刀线，尽量不要划到制作线（方正线）外，若调整有误差时，调成 16 mm，制作时去除 16 mm 与保留 16 mm 刚好密合，所以并不用太担心调整是否正确，但是一定要倚靠同一面划线。

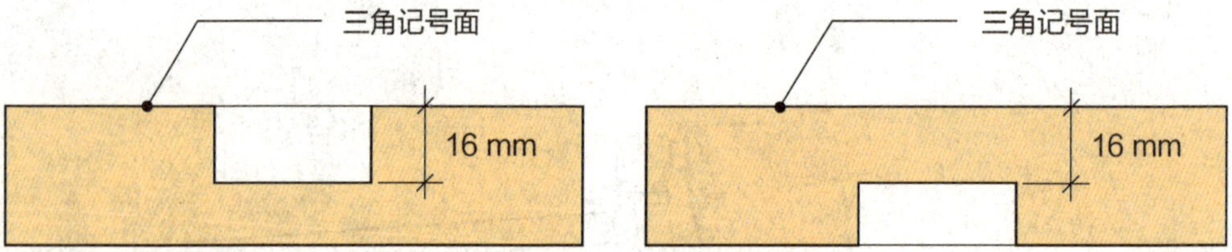

制作线都绘制好了，接下来画加工记号线，只需把要去除的地方加上蜡笔，清楚标记要去除的地方，避免制作时发生错误。

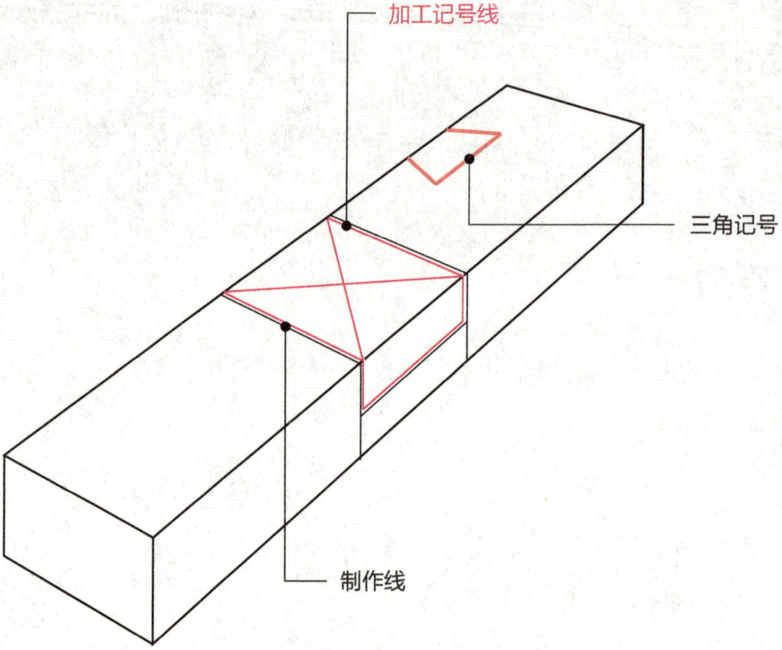

◆◆十字搭接制作加工

锯切

锯切使用横断锯，锯切锯路偏向去除面与制作线，可预留 0.2 mm，留太多不好修饰，但若练习到够直够平，其实可以做到锯在制作线边而不用修整，可节省相当多时间。

锯切完两侧后将中间部分去除，每隔 3 ~ 5 mm 应锯一条锯路，可以减少去除中间时所造成的崩裂，也可以省力气。

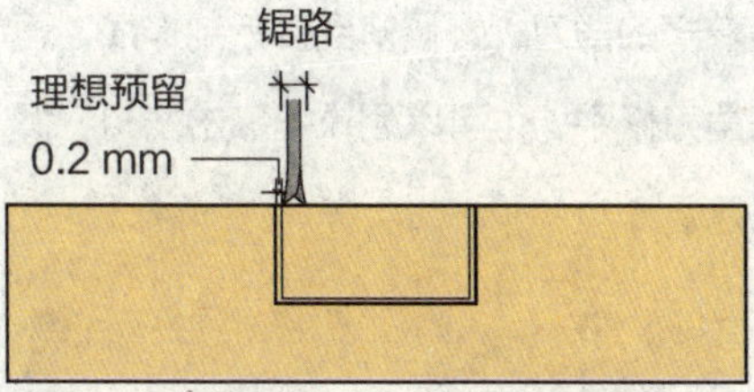

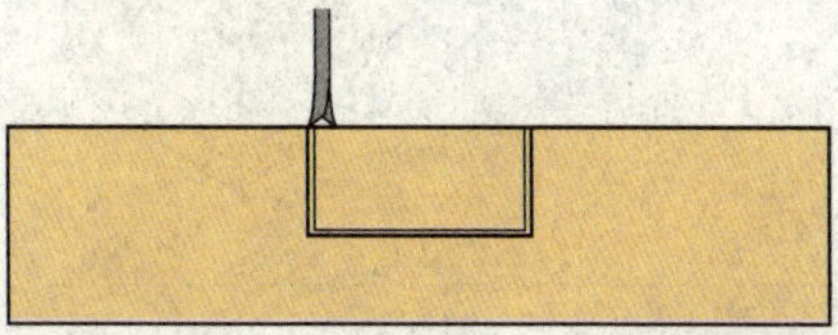

锯在线边不修整是可以的，只是平整度需要长时间的练习

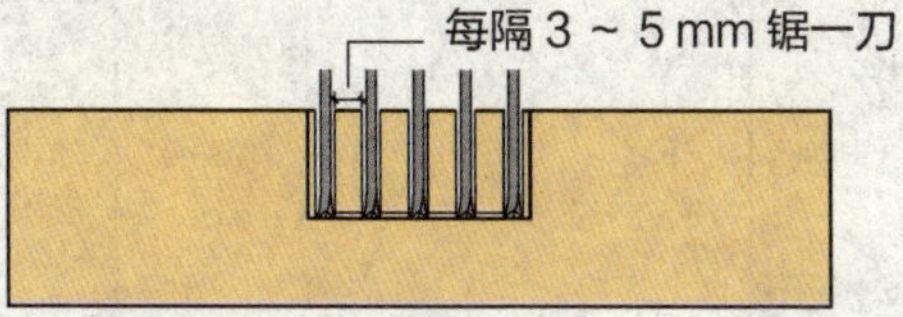

多锯路可以帮助减少崩裂

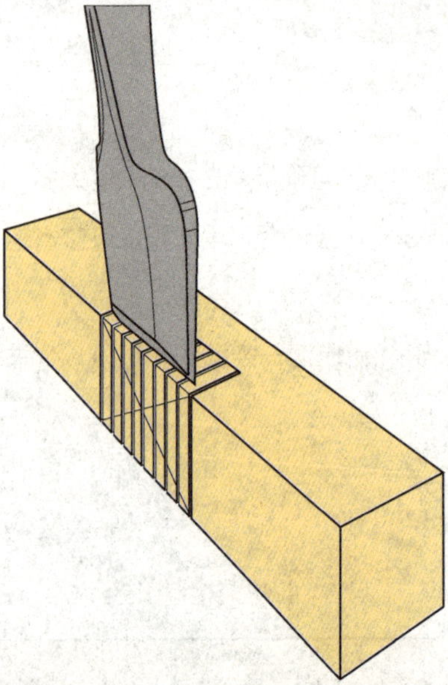

凿修

用凿刀将锯切后的地方去除，注意不要一次修去太多量，那会花费较多力气也容易造成木料往内崩裂。若感觉所用力气太大，可换较窄的凿刀，慢慢修到接近制作线，再换宽凿刀修平，也可以用铁锤敲击凿刀，慢慢去除。

凿修时一手拿凿刀，一手握着木料，但由于窄面靠着桌面，用力时容易造成木料倾倒而凿伤手部，修凿时如果同时握着两只木料，则较为稳定。

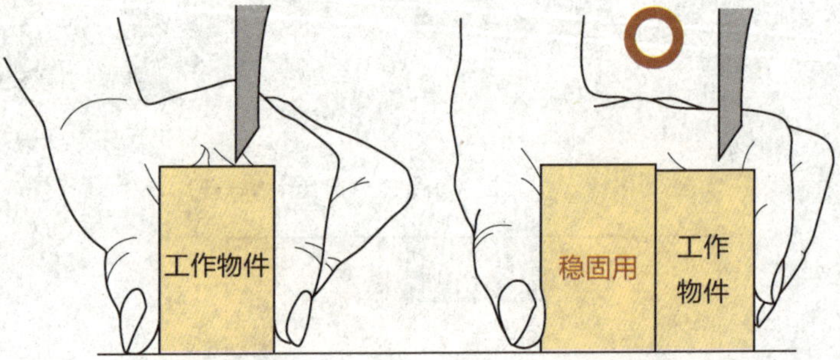

初学者较不建议　　稳固用材建议固定于工作桌

修平横断锯切所留 0.2 mm 的预量，若预量留太多，则分成多次修除。

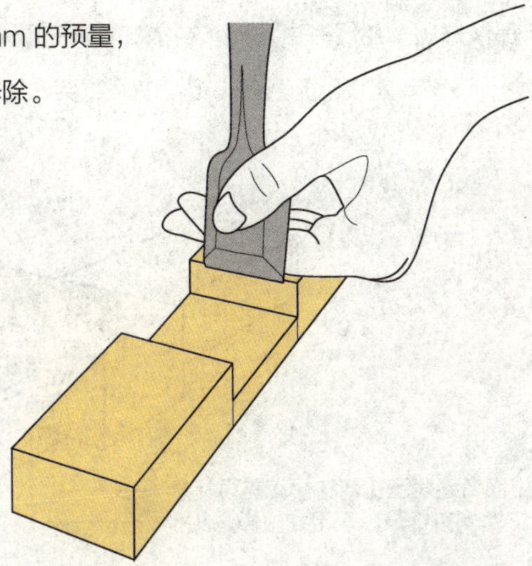

修完预留，角落再从侧面，顺其平整面修饰干净，如果还没干净，重复侧面与端面修整这两个步骤。

将凿刀打斜，靠着修过的平整面修整角落

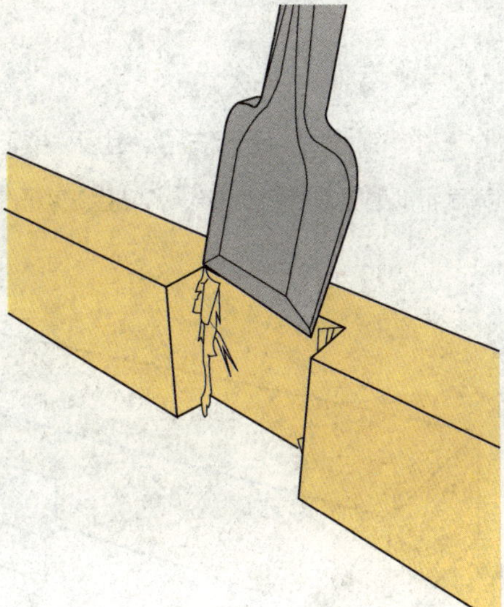

木料都修好后，我们将直角的木料放在修好的直角内部，来确定所修的位置有直角且平整，没密合就表示无直角，但切勿修过头。

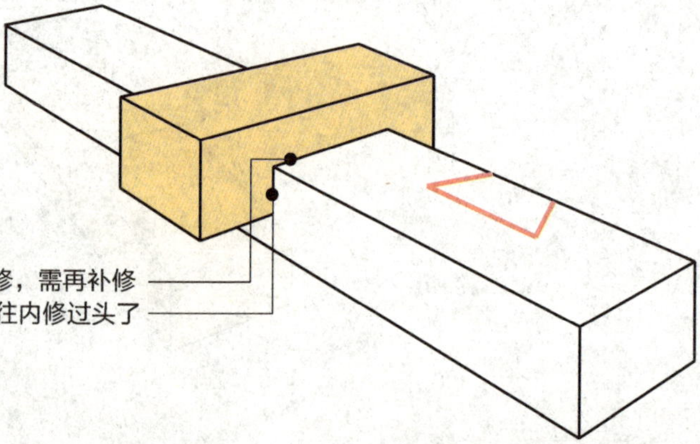

都修饰好后，还无法马上组装，要记得前面步骤去除时有预留 0.2 mm 的预量宽度，此时再利用刨光修饰，然后试着配合至木料密合。

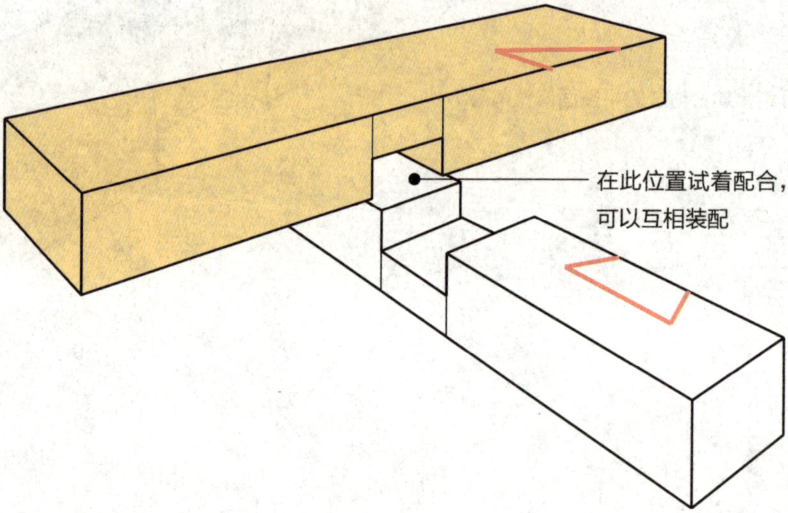

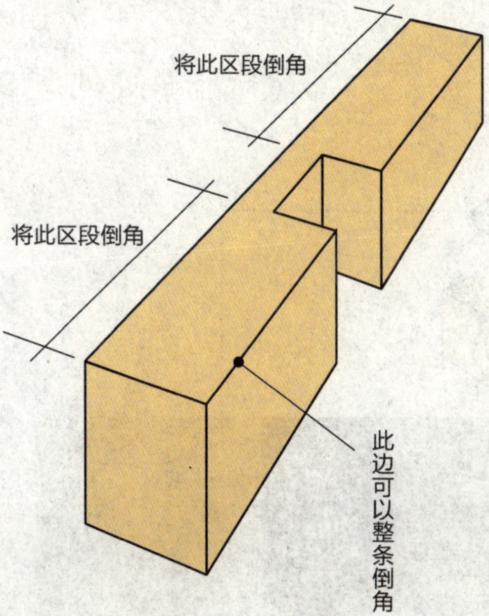

两根木料都配合刨光后就可组装了，组装后可先将大面刨光，也可组合后再将不平处修饰，最后则需倒角。倒角需注意，不可倒至接合处，如倒到接合处，会于组装后看起来像是不密合。倒角需用刨刀将利角处刨除，使其摸起来顺滑不会割手。

如果觉得刨刀不方便使用，可组装后使用砂纸倒角，可将 320 号白砂纸（不建议黑砂纸，因其易掉黑砂粒，会让木头看起来脏）以喷胶固定于平整木块上，顺着纹理磨去锐角。

320 号白砂纸以喷胶固定于平整木块上

◆三缺榫（角料结构）

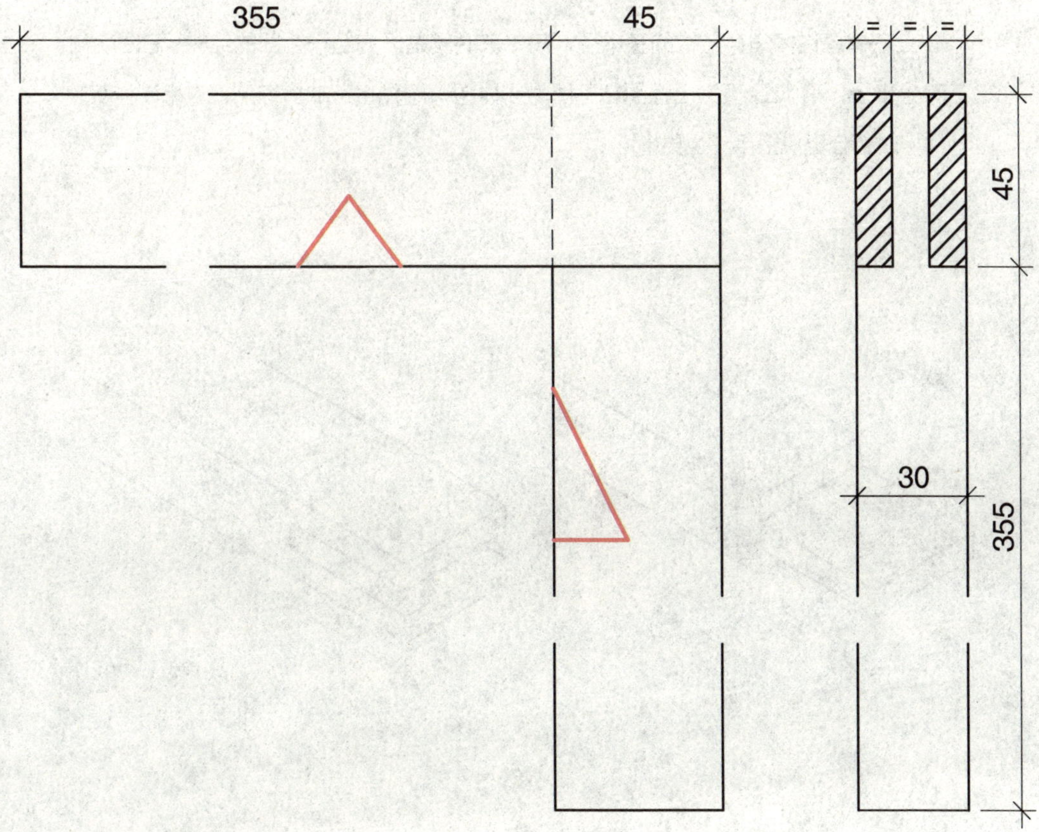

（单位：mm）

三缺榫是许多角料结构的基本型，简单来说就是一为凸一为凹的结构，凸凹为三等分接合，第 125 页为工程图，下图为立体图。可先将三缺榫练熟，未来制作其他榫接时，会更快上手，也更精准。

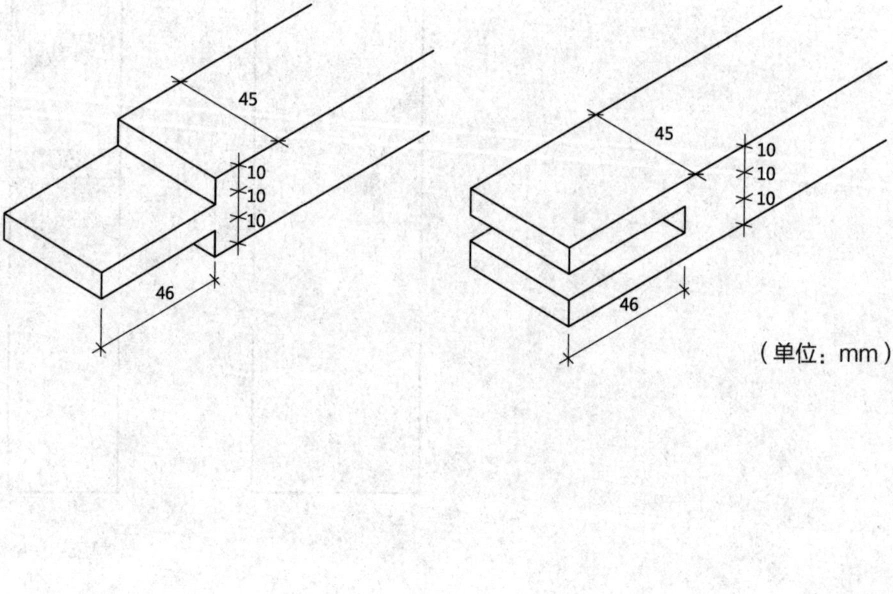

（单位：mm）

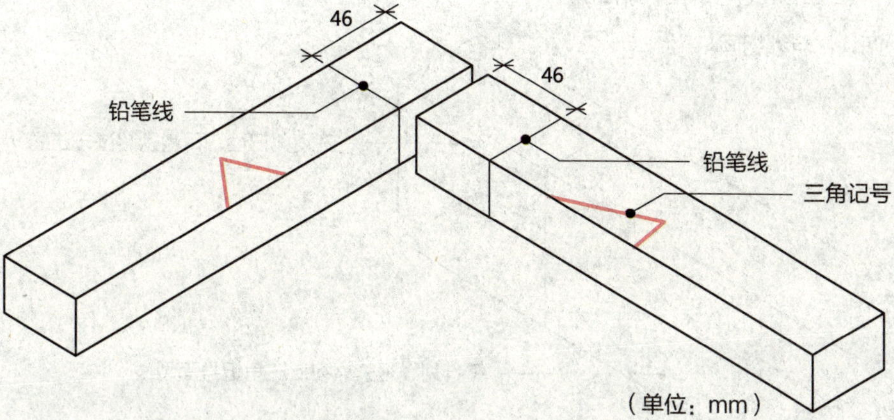

搞清楚所要完成的形状与尺寸后，即可开始练习制作。

前面步骤与十字搭接方式相同，将木料刨成 45 mm × 30 mm，木料长度 400 mm，一样需先画三角记号，接着画方正线在两块木料的结合处，距离端部 46 mm，让端面多出 1 mm 是为了完成榫头后再将其修掉而预留，因为完成后若榫头不够长，端部短了就需刨整木料的侧面，除更费力也更易让木料完成后尺寸减少。

调整平行划线规 20 mm，
紧靠在三角记号的面，划匚形，
两块木料都相同。

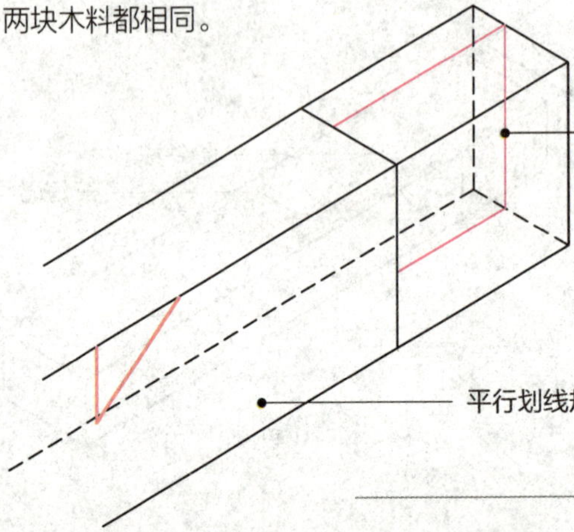

再调整平行划线规 10 mm，同样紧靠着三角记号面，此时两块木料划线相同，再加上加工记号。若没调整两次（10 mm 与 20 mm），而只调一次 10 mm，划完一边后紧靠另一边，有时会因厚度关系造成误差。

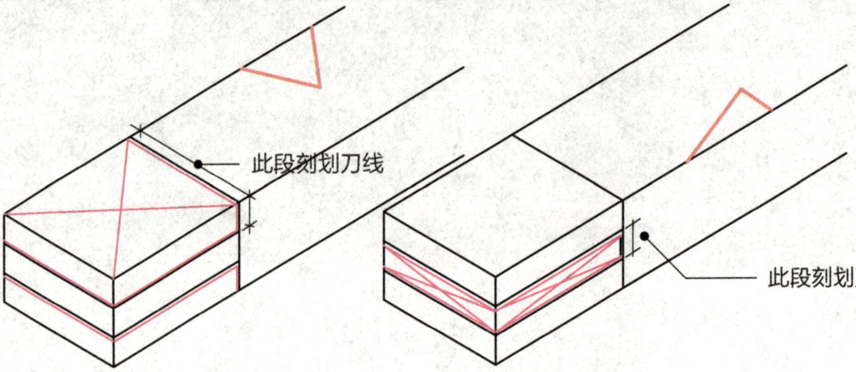

◆◆三缺榫制作加工

锯切

纵开锯切务必将木料固定于虎钳上，与地面垂直，不要夹太高，否则锯切时容易晃动，且需注意外侧面，外侧锯切超过线时不密合会非常明显。

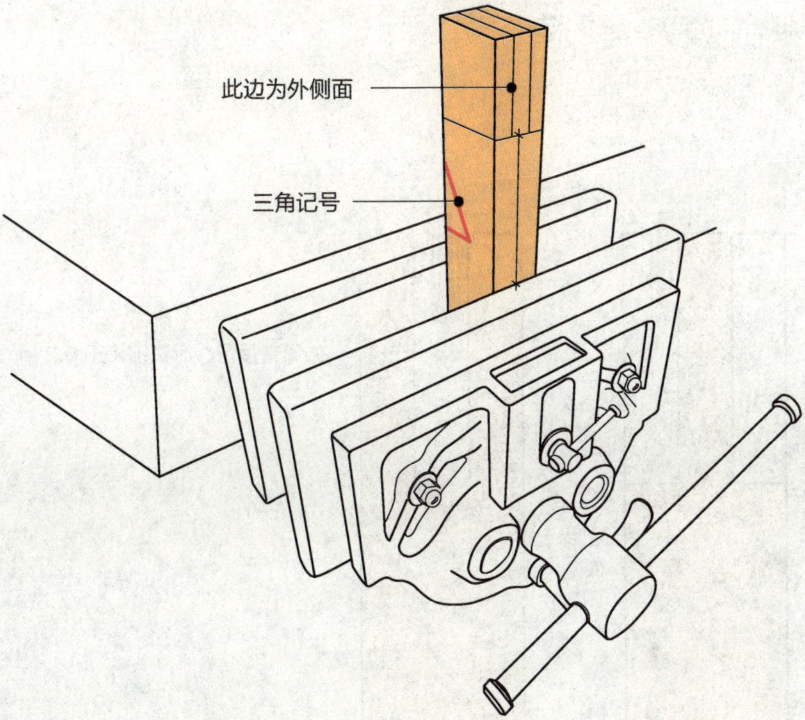

锯切时需注意不要预留太多的量用凿刀修饰，侧向修饰并不好修，可以刚好锯在线边，最后再修毛边即可。若觉得不能确保精准锯切，大概预留 0.2 mm 来修饰就好，此部分操作较难，需要多加练习。

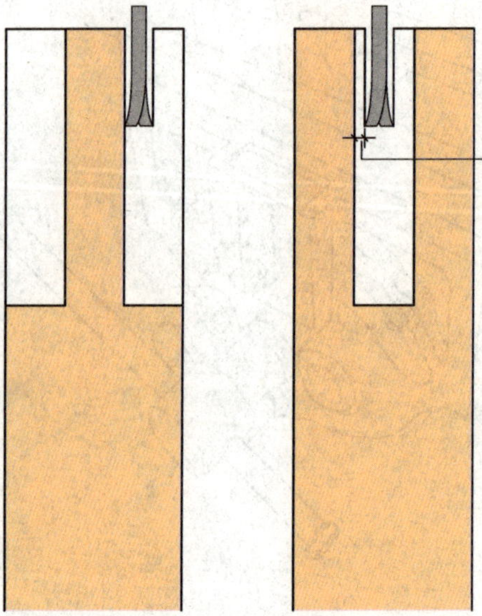

刚好锯切于线边，只需修毛边，相对轻松

纵切完成后，接着横向锯切。两木料的横向锯切使用的锯子是不同的，凸型木料使用双面锯或夹背锯来锯切，锯切方式与十字搭接相同，凹型木料使用线锯来锯切，而线锯条使用单边有锯齿的，10 mm 约有 8 齿，这是笔者认为好用的。

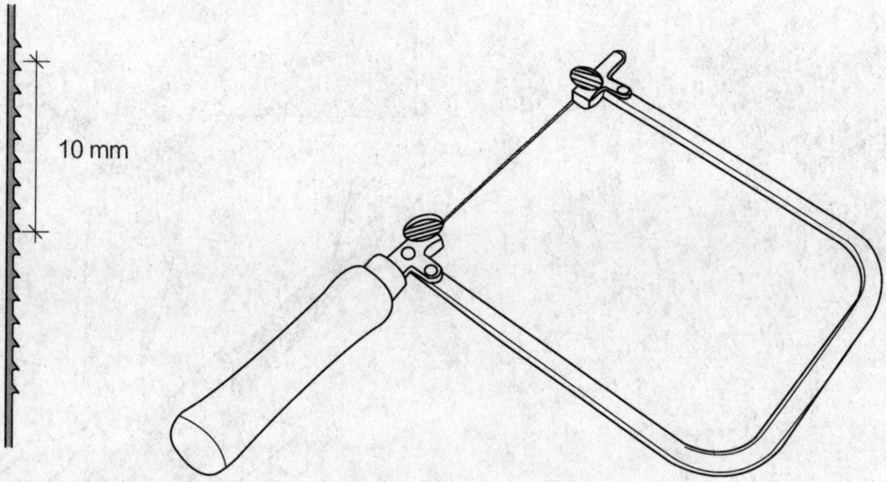

线锯锯切时，因断面是长方形，所以转角的地方，需要走一个小弧度（如下图虚线所示），才不会造成锯条扭转断裂，并且要从较高处开始锯切。

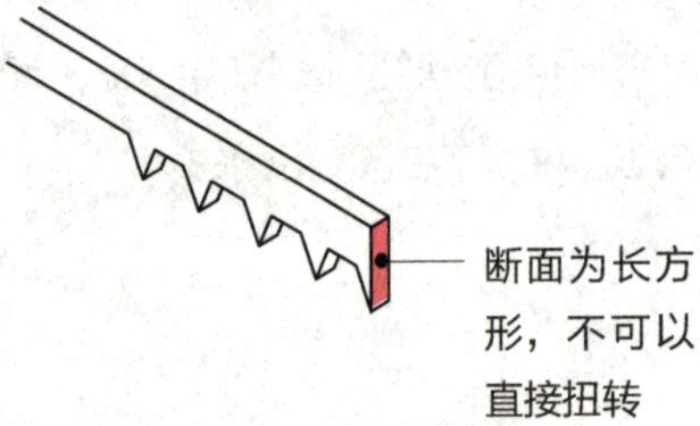

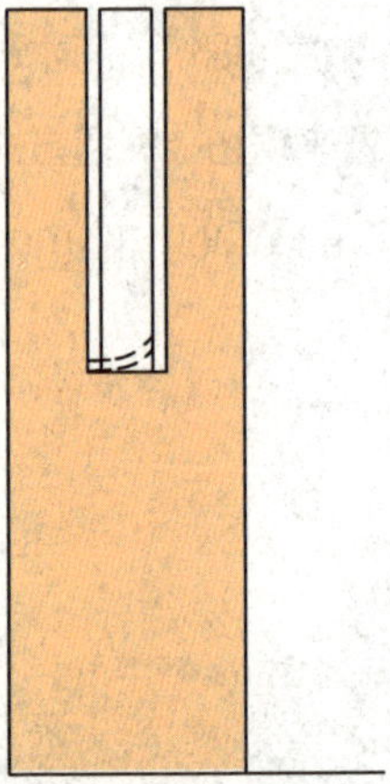

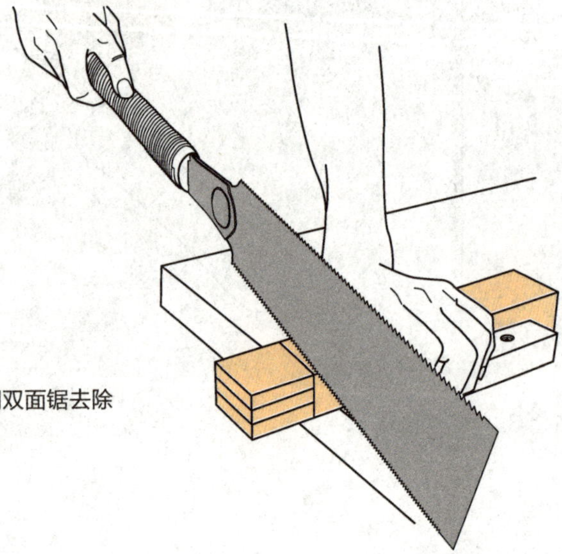

凸榫两侧使用双面锯去除

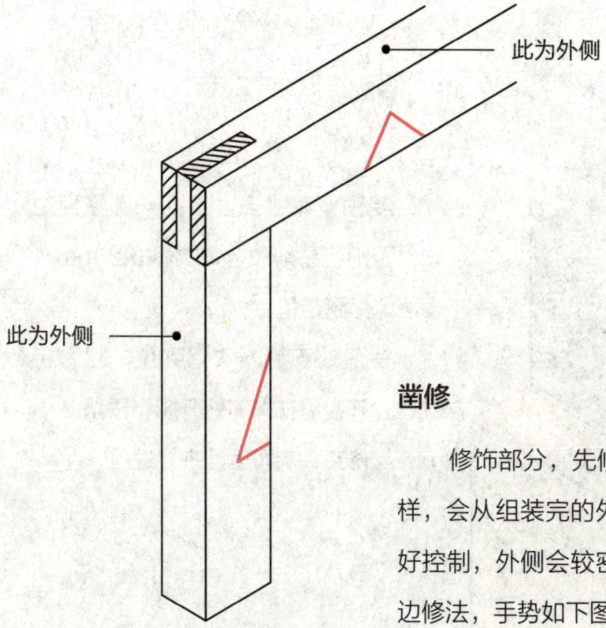

凿修

修饰部分，先修纵向纹理，修饰时跟锯切一样，会从组装完的外侧修向内侧，开始下刀比较好控制，外侧会较密合。都从外侧修饰会有左右边修法，手势如下图。

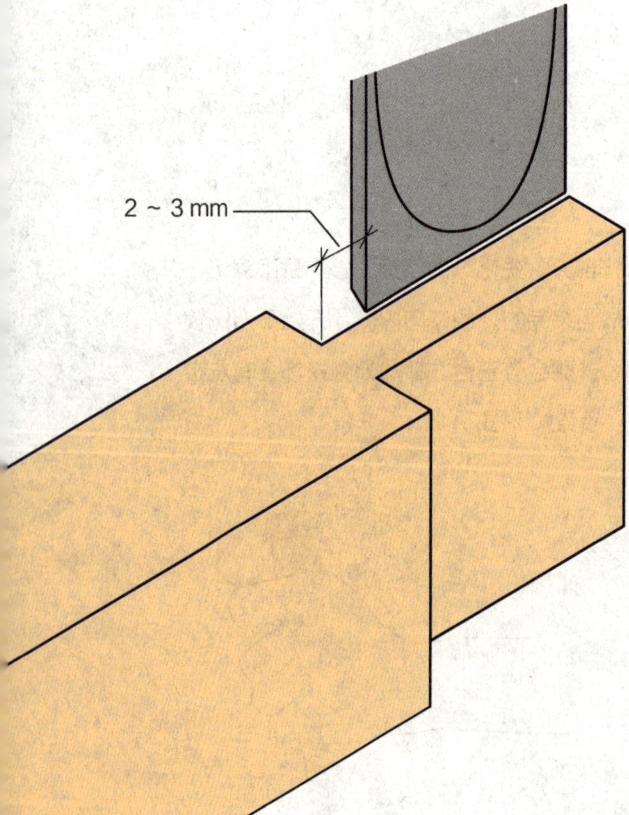

若预留量太多，不要一次修到边线，否则容易崩裂。每次修 0.2 mm，慢慢地修到定位。

角落处不用一次修到位，因为将纹理分开容易在榫肩处开裂，预留 2~3 mm 等修完榫肩再返回来处理。

凹件与凸件端部的修饰：凹件部分，从外侧修饰，若孔为 10 mm 宽，则使用 9 mm 凿刀。若孔为 9 mm 宽，使用 9 mm 凿刀，则容易伤到侧边（因 9 mm 凿刀宽为 9.09 mm），因此需使用小一号的凿刀来修饰。由外侧修饰到另一边，修法如图，最好是别翻边，否则容易造成内部凸起。

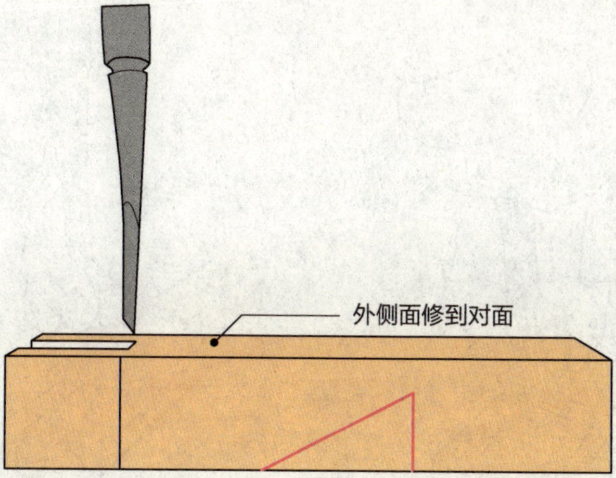

由外侧单一方向凿修，尽量别翻转木料，
否则容易造成中段凸起

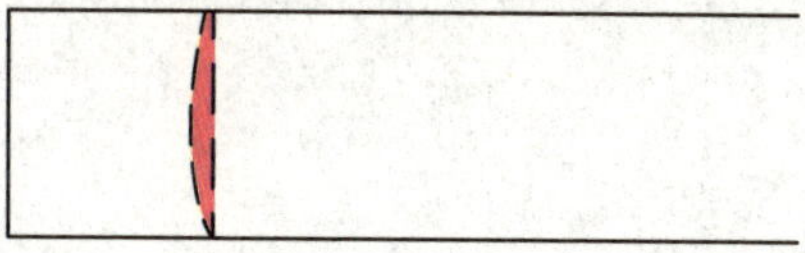

修到平整后，再回头修整，顺纹理的 2 ~ 3 mm，两边反复修整，慢慢修到角落干净，换另一侧。

凸件部分榫肩修整方法如下图，修饰时由于是端部，面积又大，要用较大力气，记得用身体的力量。但有些人会从侧边修，这样做面积小，费力少，不过难平整，易造成不密合。如果是锯切预留过多，可用此法将其修减到 0.2 mm 左右，再从大面积修整。

大面积凿修，虽然费力，但较容易平整，最后一刀采用此法较为正确

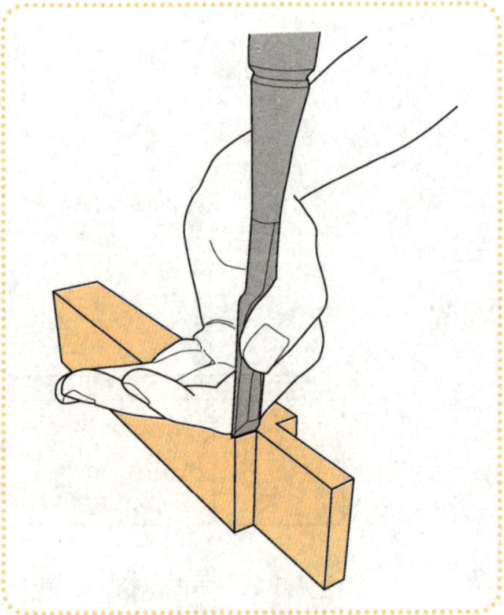

侧边凿修虽然省力，但不容易平整，可以修到预留 0.2 mm 处，再从大面积凿修

角落部分，可以从顺纹理部分将其分割至制作线，再从正面将其切断。修整好后，即可组装。

两边都修完还剩角落，再固定好木料，顺纹理切到制作线

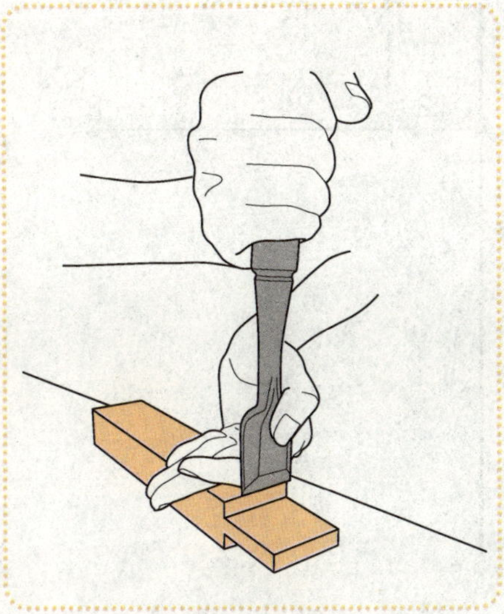

回到正面将其切断清除干净

◆鸠尾榫（板料结构）

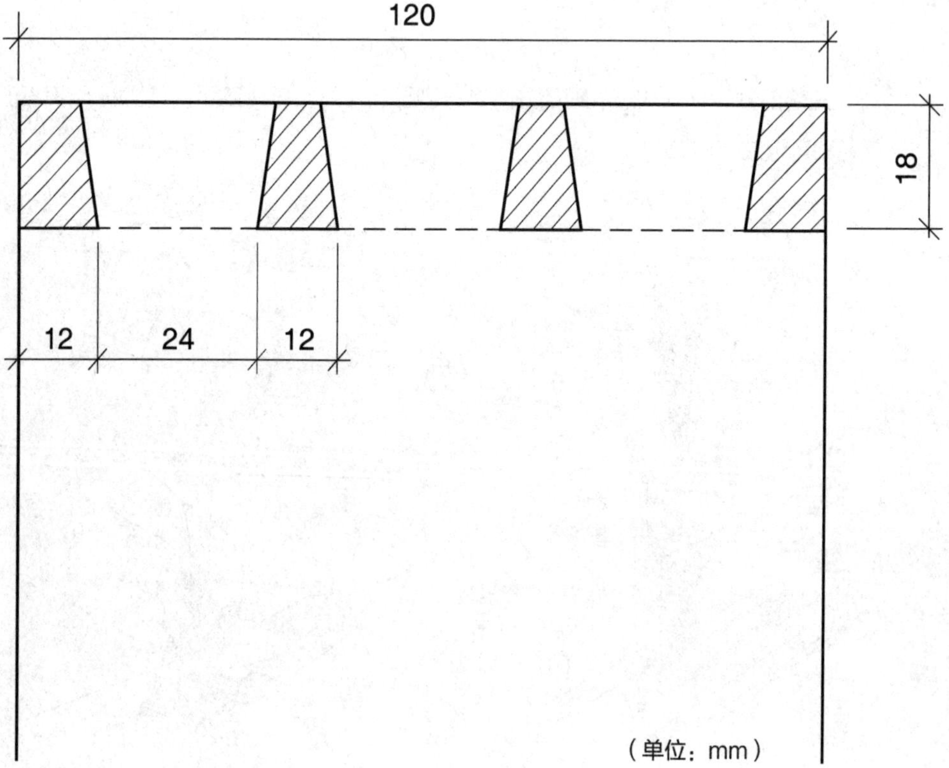

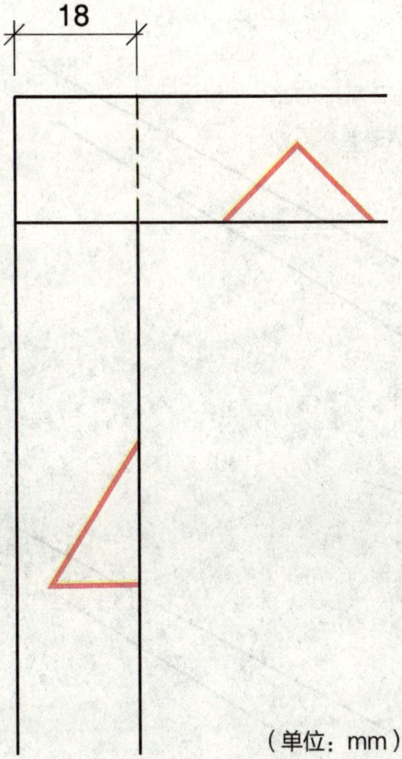

（单位：mm）

《第一章　基本手工具》第 85 页说明鸠尾规时曾提到鸠尾公式，本章直接以制作过程示范教学。鸠尾结构由一块木料卡住另一块，所以木料只能做单方向的拆解。教学实践中，发现三角结构的部分有人经常画错，这部分在画线完成后务必再次确认。

首先制作端面为三角形的那块木料，可能你会有疑问：先做另一木料不行吗？并非不行，只是先做端面为三角形的木料，后续画线过程中有较多的空间画线。

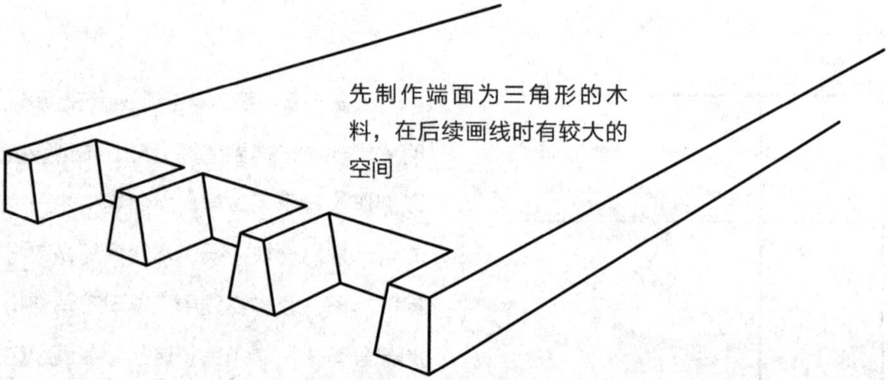

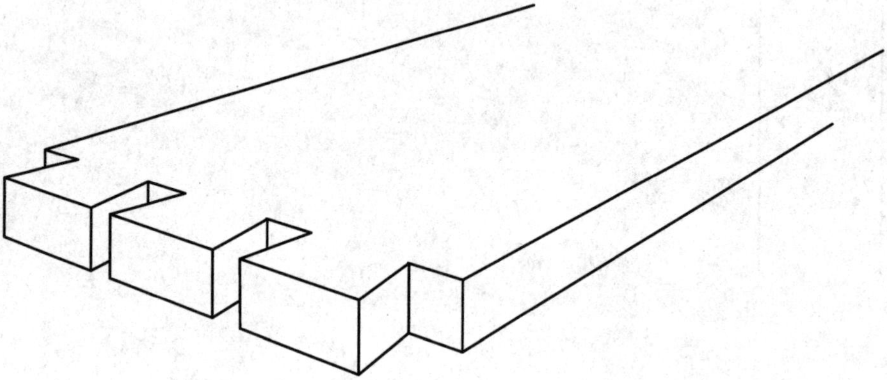

先绘制三角记号：

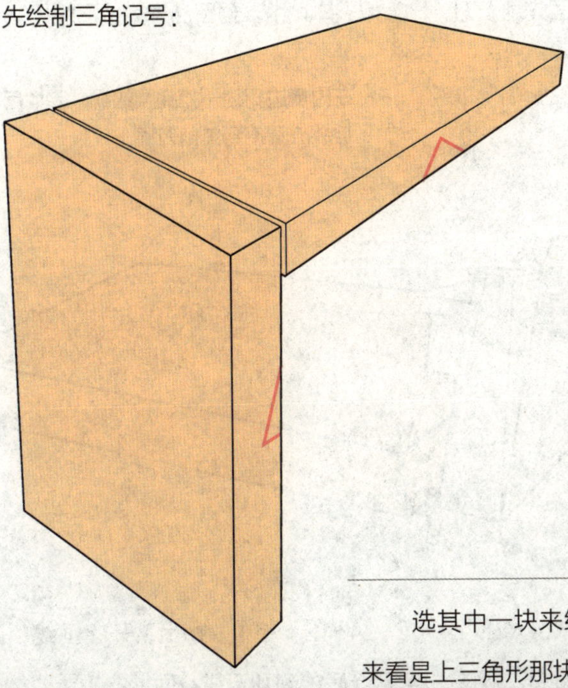

选其中一块来绘制端面三角形，从图面来看是上三角形那块木料。如果是机器取料，我们会先将内侧面刨光，如果等到制作完成后再刨光，会让榫接变松。

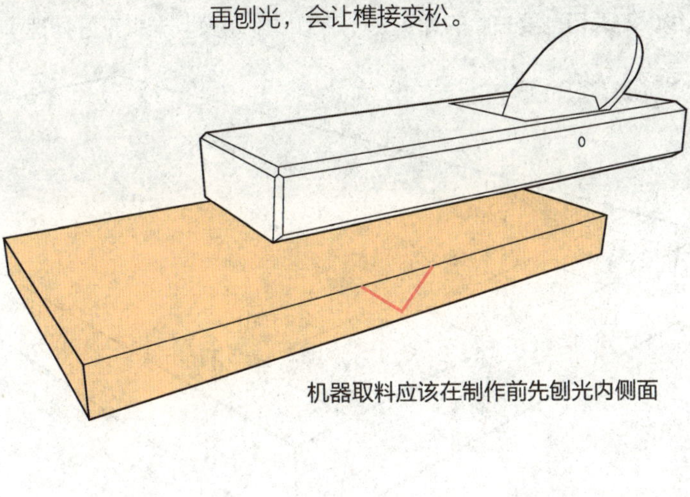

机器取料应该在制作前先刨光内侧面

调整 19 mm 在内侧面先划一刀，比板厚多 1 mm，预留凸榫完成后刨平。

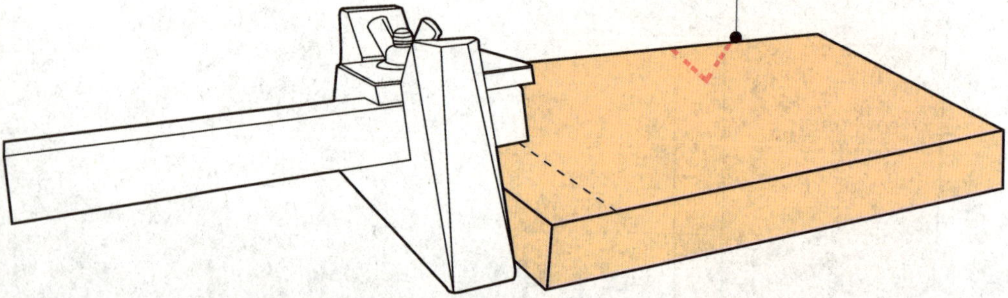

靠记号边依尺寸 12+24+12+24+12+24+12（单位：mm）开始画线，画到另一面（外边），没有停止线，画更长些，最后才刻划刀线，而划线机器取料应该在制作前先刨光内侧面在内侧边刻划一刀完整的线，完成后组装应看不到其他刀线，刀只切割要去除的榫头处（若刀线刻划深，未来不好处理），记得另绘加工记号线（红线）。

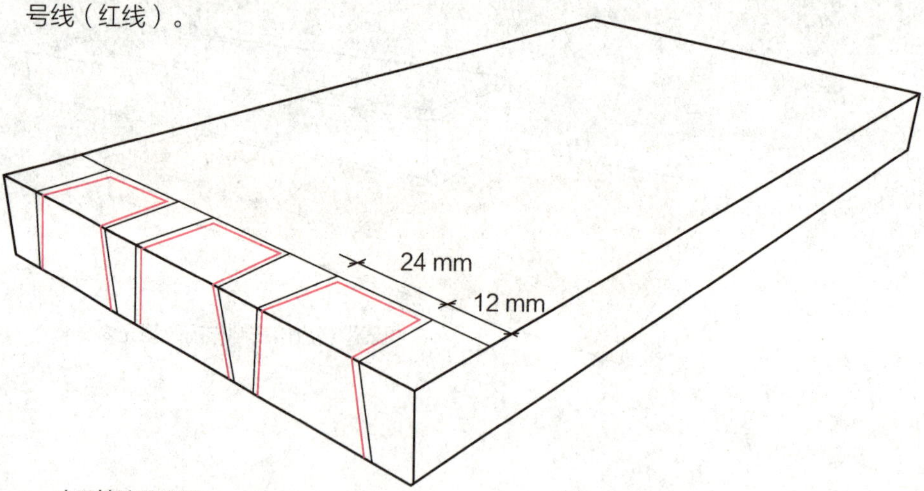

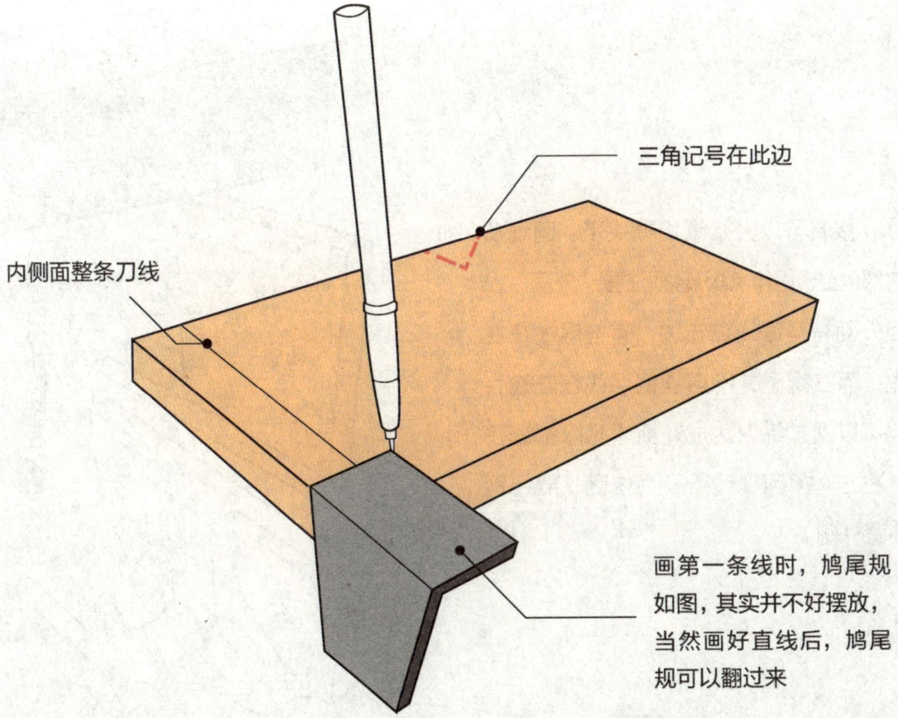
三角记号在此边
内侧面整条刀线
画第一条线时，鸠尾规
如图，其实并不好摆放，
当然画好直线后，鸠尾
规可以翻过来

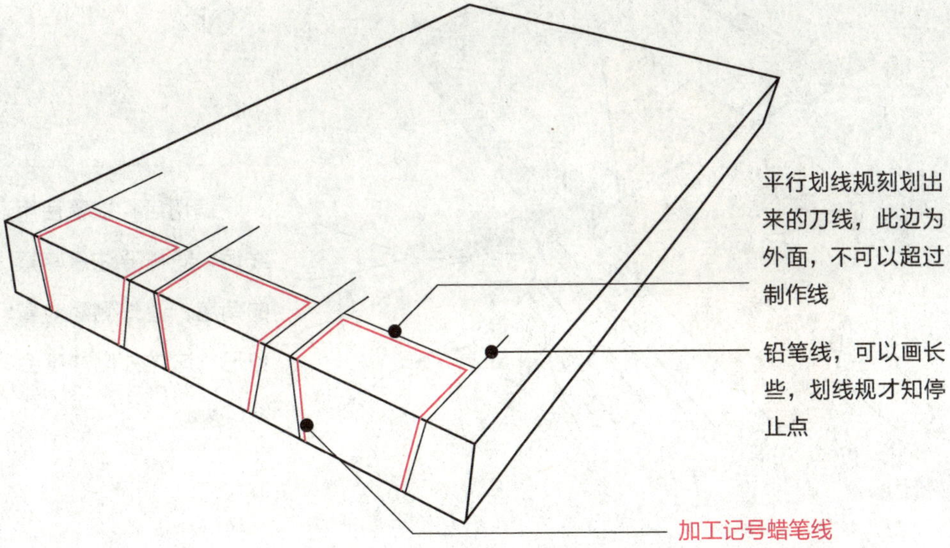
平行划线规刻划出
来的刀线，此边为
外面，不可以超过
制作线
铅笔线，可以画长
些，划线规才知停
止点
加工记号蜡笔线

接着可以开始锯切榫头了。画线从内部画到外面，锯切必须注意“外面”，但外面有些锯线在右边，有些锯线在左边，而右撇子并不习惯锯切线在左边，但可以通过练习达成，翻边可以都锯在线右方，但因视线所及为内侧，要特别注意外侧。

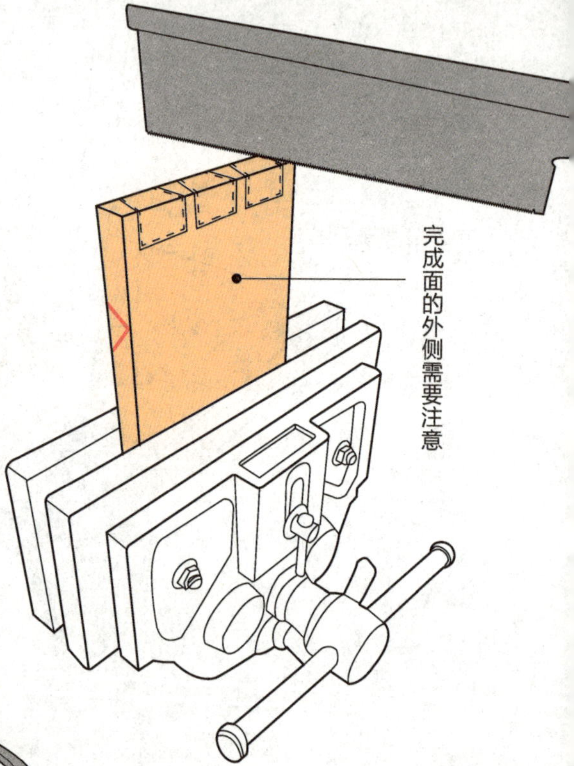

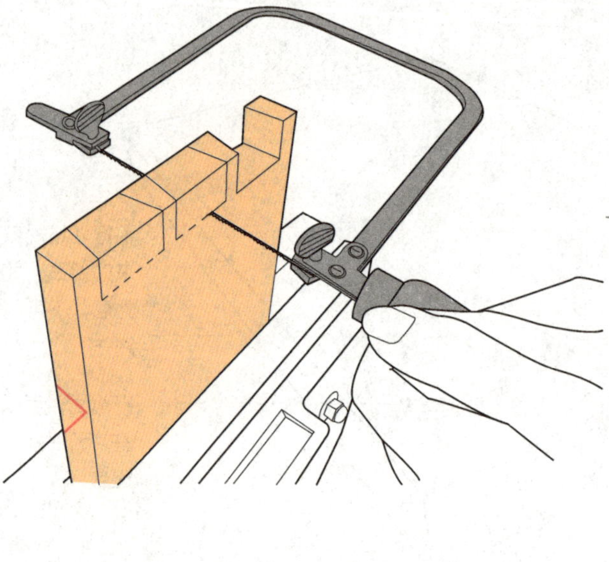

锯切后，接着使用线锯，同样要注意转弯的角落，让外侧面对着自己，这样外侧才不会锯过头。

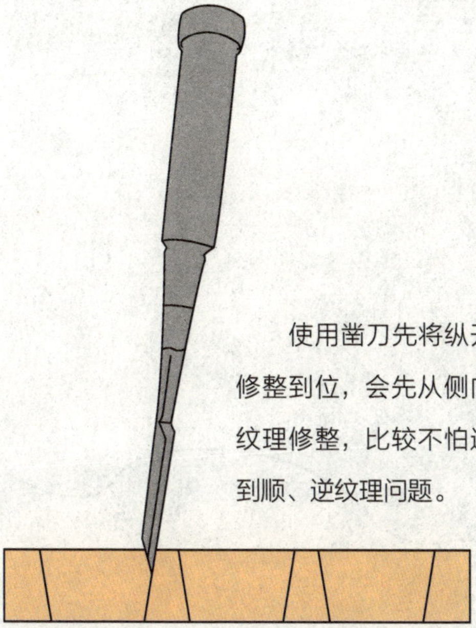

使用凿刀先将纵开修整到位，会先从侧向纹理修整，比较不怕遇到顺、逆纹理问题。

侧向纹理凿修没有顺、逆纹理问题，一样由外侧向内修

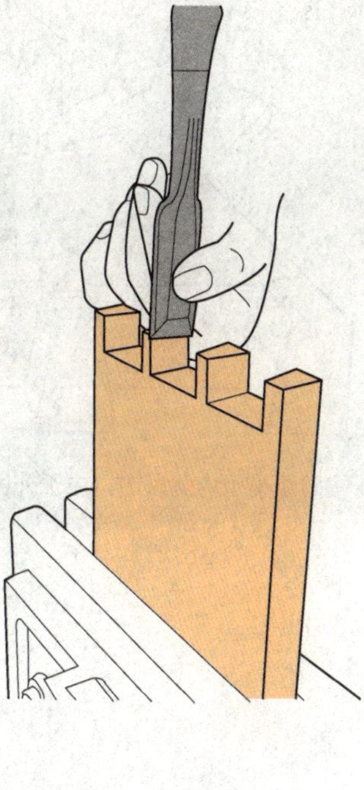

最后靠近榫肩再凿修到线，纵向直接凿修遇到逆纹理，很容易因逆纹理而凿修过头

断面修整：从外面修到内侧面，使用略小于内侧短边的凿刀，先将中间修齐，再修两旁。

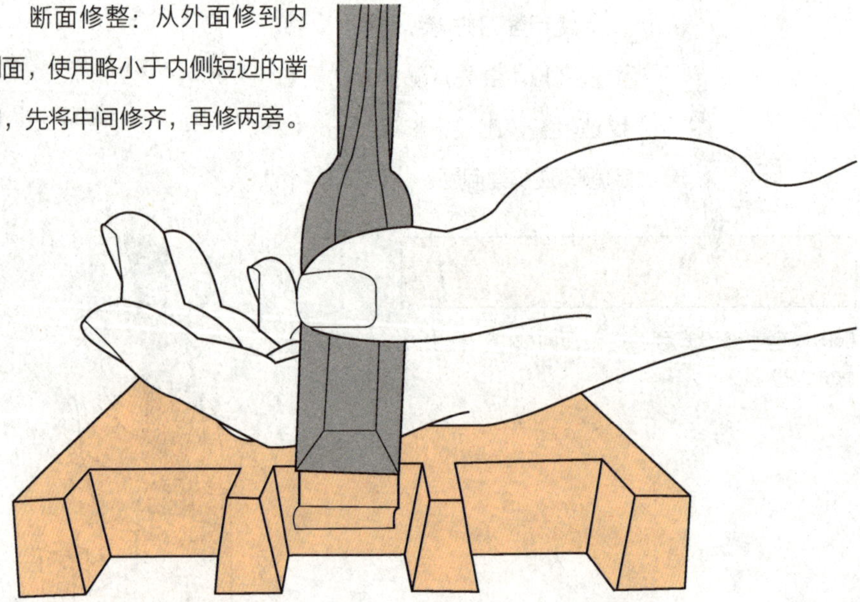

凿刀略小于内侧短边，由于外侧面比较大，放在正中修整，再修两侧

让钢面贴平后，再凿修两边多余部分，注意不要凿到榫头。

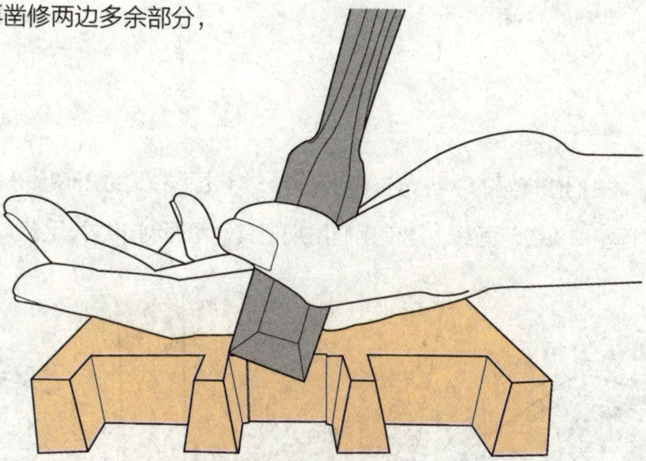

贴平钢面翘起一角修饰多余部分

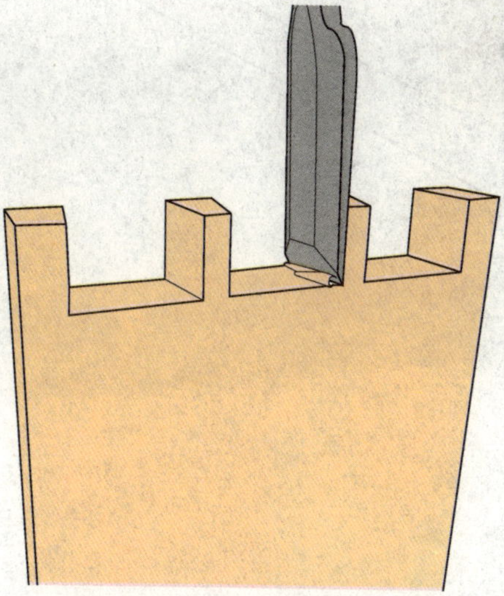

修整好后，将木料固定于虎钳上，从上方将角落剩余的木料分开，接着重新修整一次角落，让其更利落，这时我们就制作好一边的榫头了。

分开后再重复这两步骤，让角落干净利落

把修饰好的木料，内侧对齐另一木料画线（刀线的内侧），对准后，将削尖的笔，顺着榫头内侧画线，再使用鸠尾规把其他两面制作线补足。

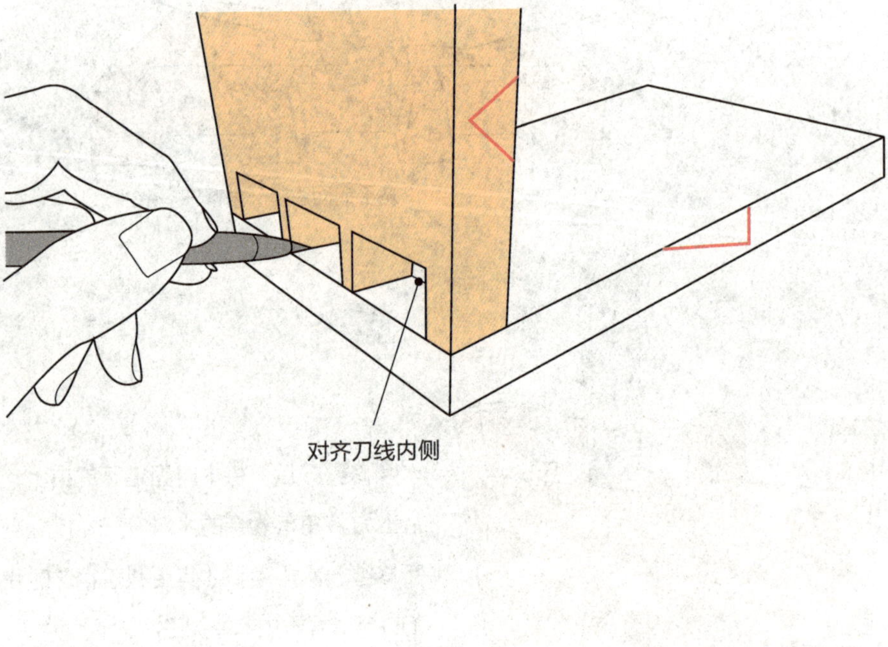

对齐刀线内侧

接着锯切，若线有斜度，操作时不习惯，可将木料固定倾斜，同样地，请注意外侧精准。而锯切与修饰，都需要留线，我们拿另一木料来对准画线，若修整到线，榫头会太松。

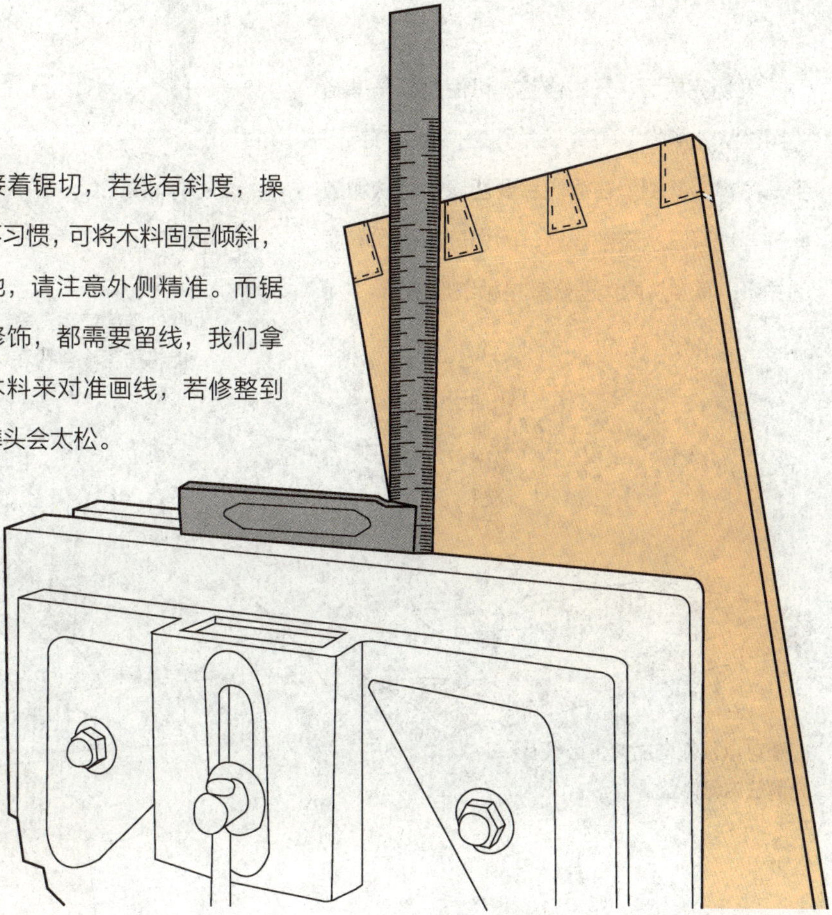

不习惯斜锯，则可以调整斜度进行锯切

锯切完成后，开始修整。可使用三角榫凿（同样从外侧修）修整三角孔处，避免修饰伤到三角榫头。侧壁在锯切后要凿修，可从侧边修饰。也可以从端部凿修，因为鸠尾呈现斜度的关系，其实从两边凿修都是顺纹理修饰。

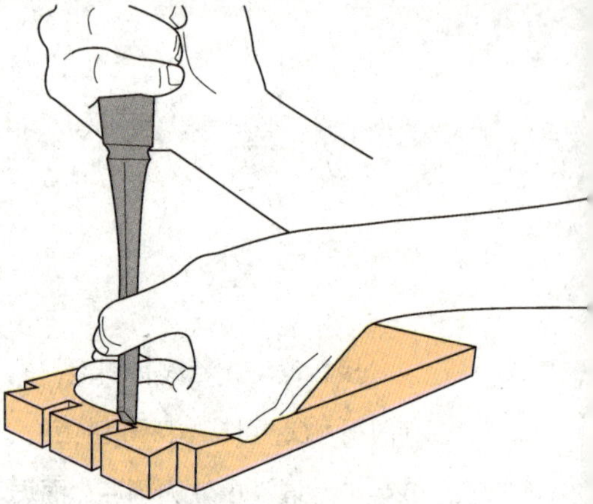

此处端部使用三角榫凿，才能将角落修整利落

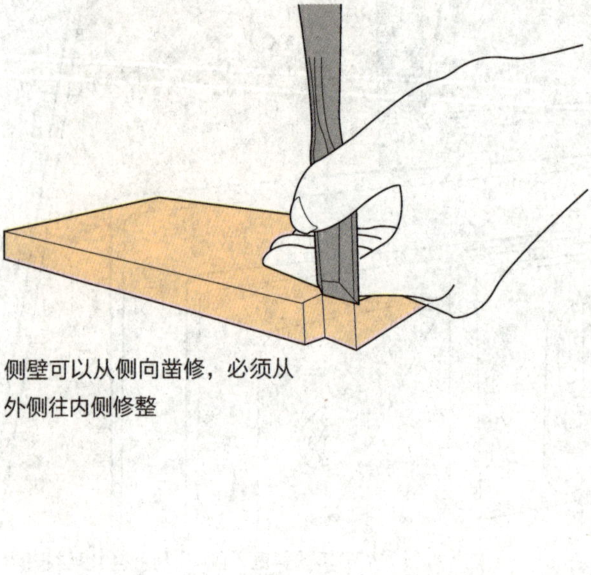

侧壁可以从侧向凿修，必须从外侧往内侧修整

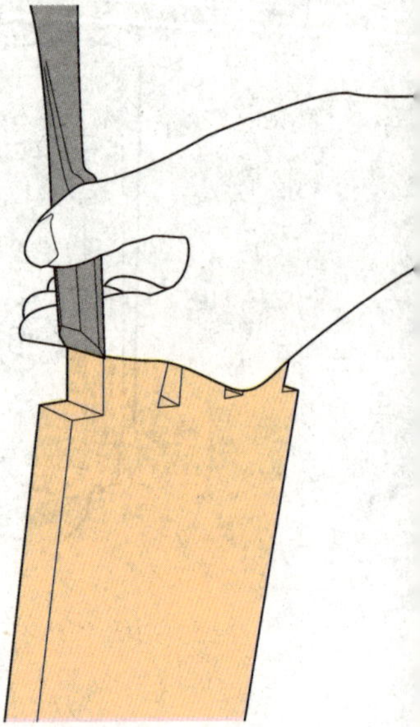

此木料两边榫壁从端面凿修皆为顺纹理，但记得木料需要固定

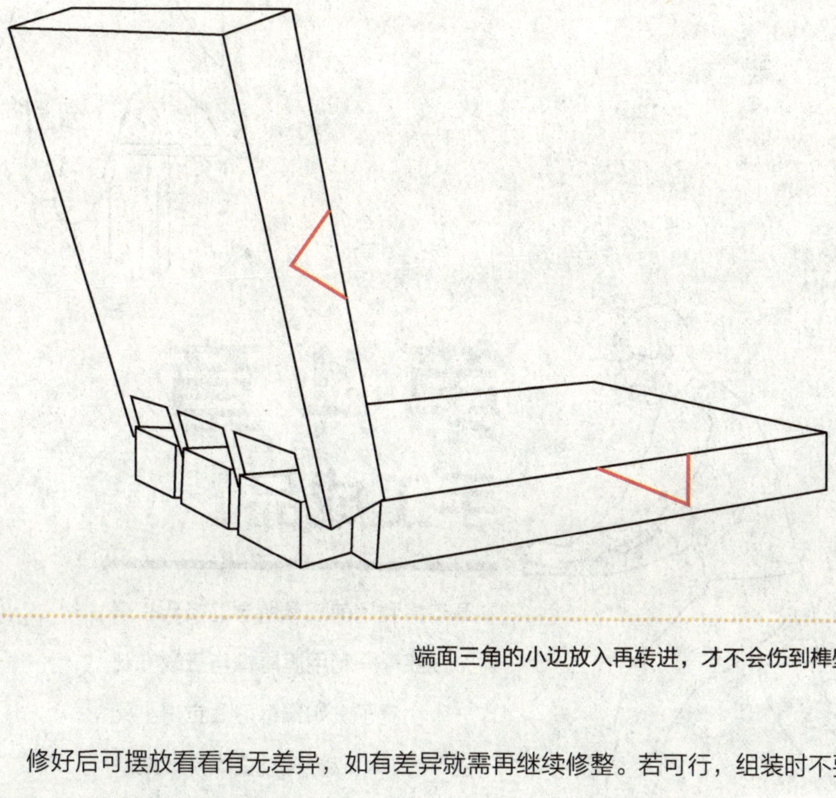

端面三角的小边放入再转进，才不会伤到榫壁

修好后可摆放看看有无差异，如有差异就需再继续修整。若可行，组装时不要直接下压，而是要先将端面三角的小边放入，再转进，才不会伤到榫壁。

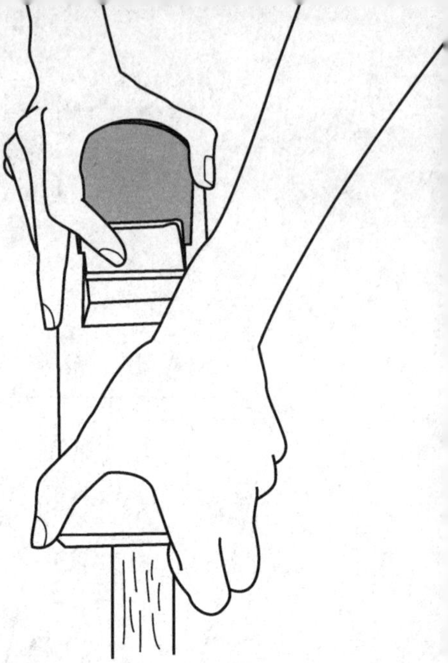

第 4 章

手工成品

本章节将利用前三章所学的技巧，来做个成品——利用鸠尾榫与三缺榫制作一张小凳子。如果练习后觉得小凳子还不够，可以将尺寸变大修改成沙发桌。

（单位：mm）

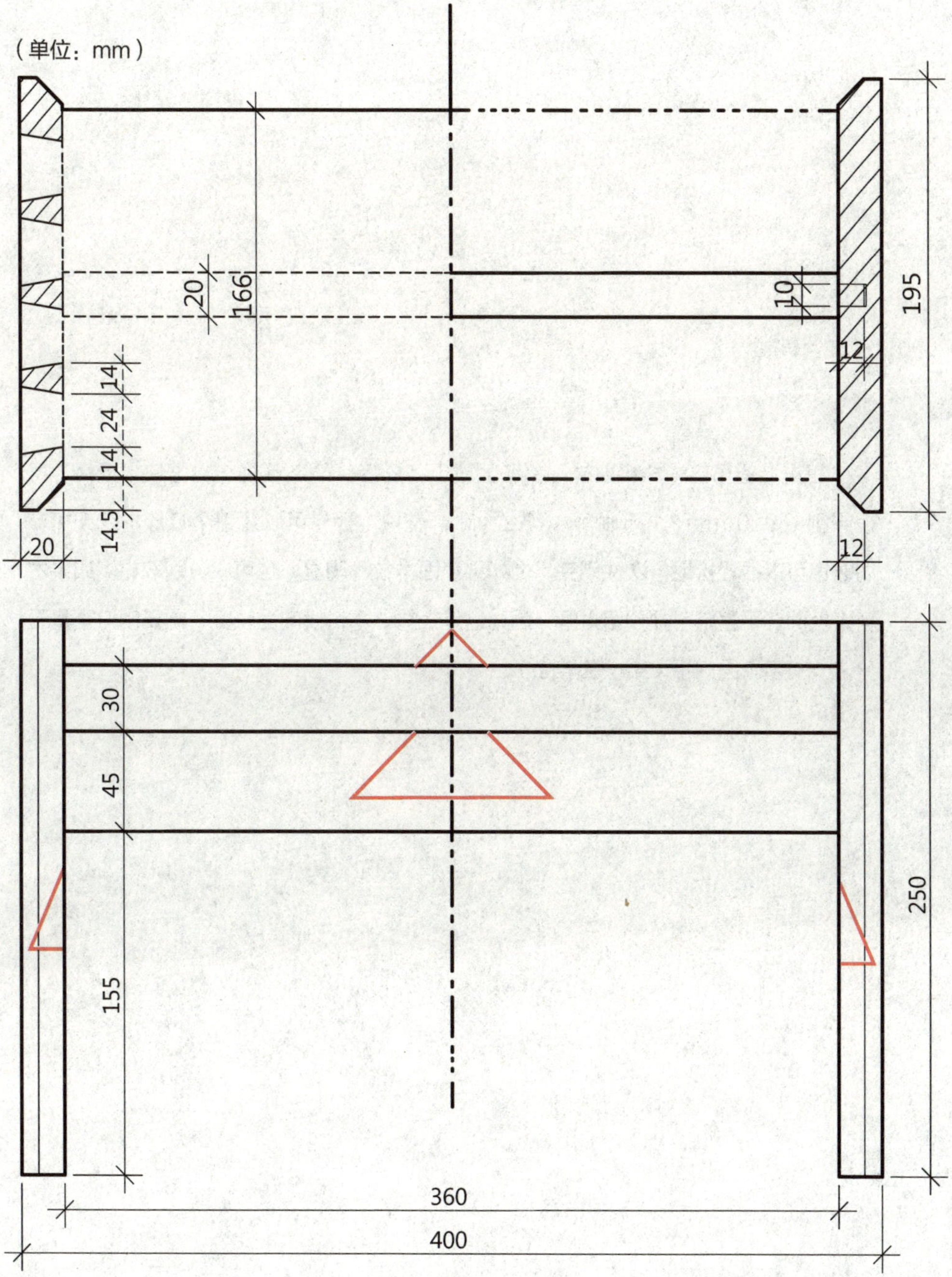

首先准备角料（角料取材可参考上章十字搭接，第 105 页）与整块木板料，将板料刨成 920 mm×195 mm×20.2 mm。整块木板料可以让整个Π形木纹连接，同时也可以很轻松地一次性刨完，但如果表面木纹不明显，也可以分别取料。如果木料大板面够平整，不要预留太厚，因为这是板材，木料横向面较宽，需要刨刀重叠五分之一将整个面刨平（第一基准面）。

1

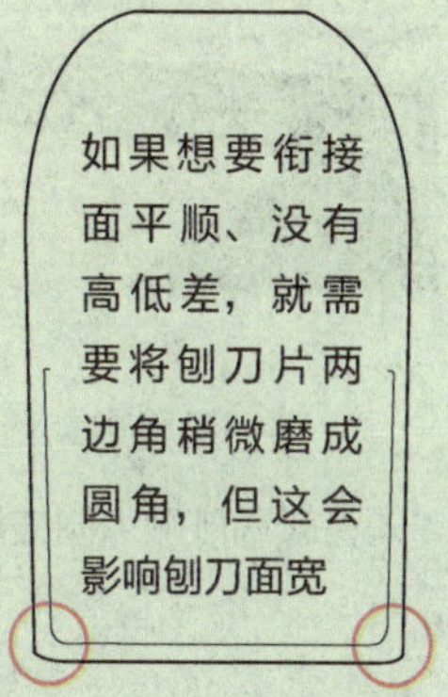

毛料开始，先将较高处刨平，接着整面刨平，第一刀与第二刀需要重叠五分之一。

2

刨平过程也需量测平整度。量测后先将较高碰触点刨去后，再整体刨平。

当然木料长向也须丈量。如没有足够的长尺，我们也可以分段丈量。

3

有时虽然长短向都平整，但对角线未必平直，因为大板材较容易发生逆转翘曲，有时量测对角不容易发现，可利用平行尺来观看。

平行尺需透过单眼观看，看着另一只的中间，身体慢慢蹲低，检查两只最高线段是否平行。

4

接着用虎钳固定，再刨第二基准面。第三面（20.2 mm）、第四面（195.2 mm）刨好后，进行木料裁切。

5

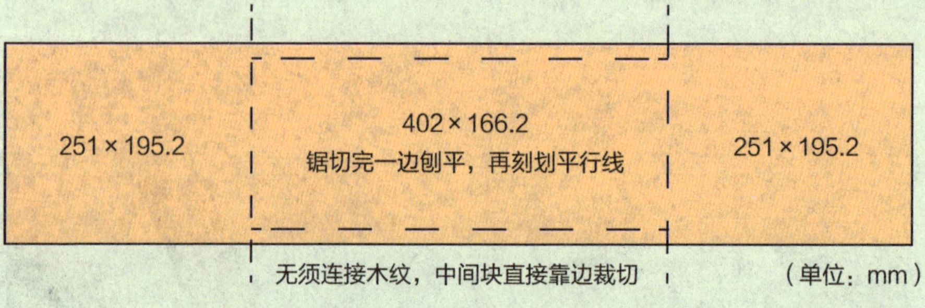

裁切完成，在刨平面板的第四面取到 166.2 mm，最后利用刨台将两端面整平。

6

7

刨台有止木可以预防端面裂开，也可以直接用虎钳固定刨平端面（宽板木料才行，角料若固定刨削距离会不够），但是如果直接刨到尾端会造成木料裂开，所以要双向刨平。

刨到中段就须停止，换另一侧刨。

8

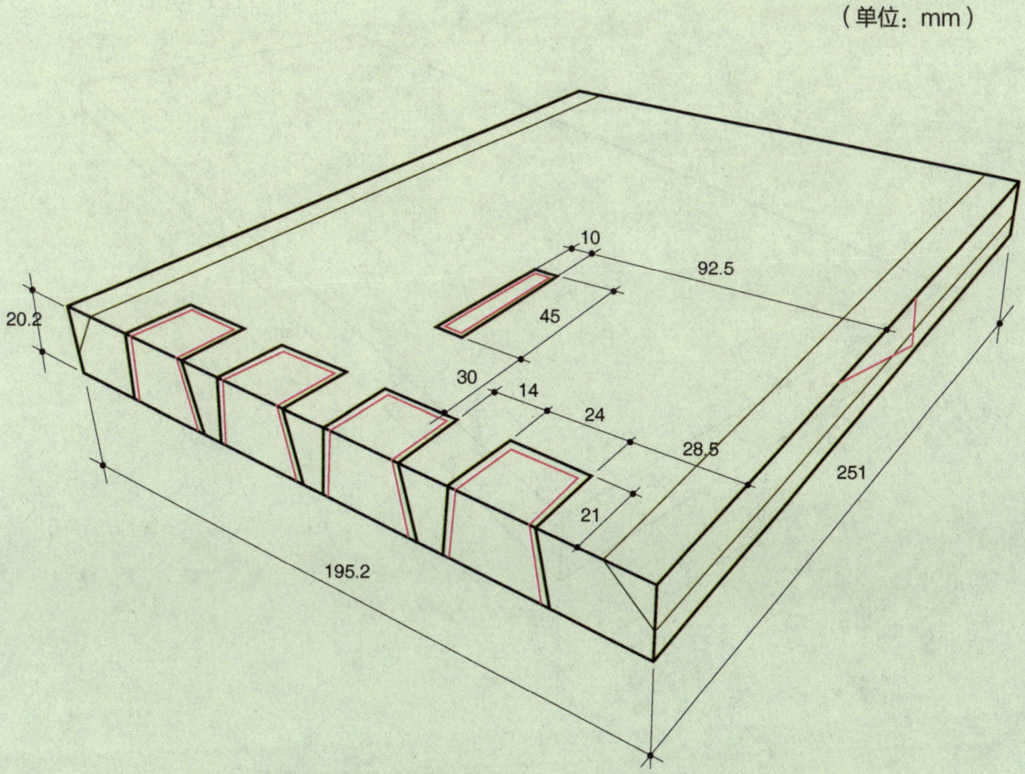

定好长宽厚，接着从两侧板开始画线做记号。侧板画线基准从三角记号面与上面端部（即制作鸠尾的一侧）开始。

9

（单位：mm）

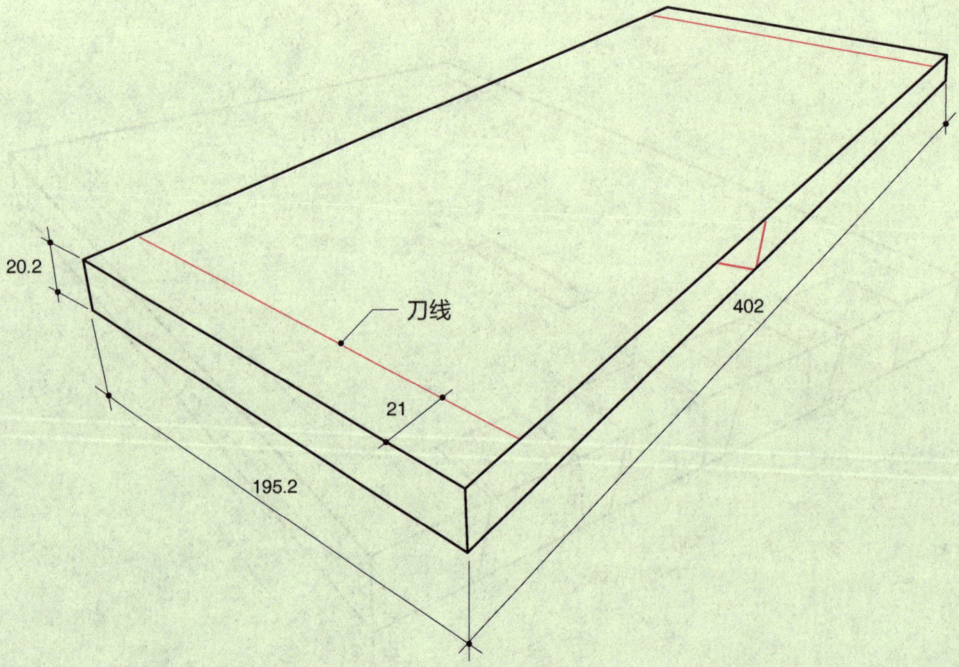

上面板的长度确定后，使用平行划线规刻划内侧面。

10

（单位：mm）

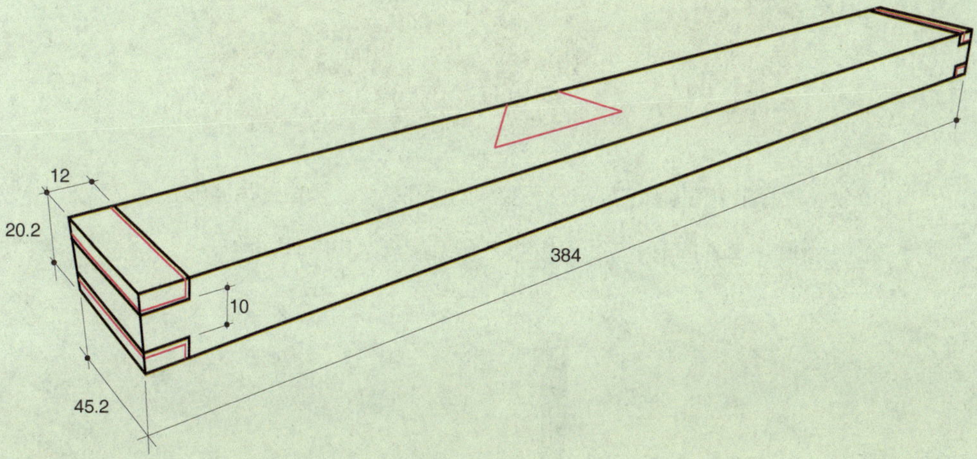

下横挡定好长度，端面平整可以从两侧调整平行划线规划方正循环，内径长度必须与上面板相同。

11

凿打榫孔前注意凿刀宽度需比榫孔略小，预留最后凿修侧壁。例如图中所示：榫孔 10 mm 宽，用 9 mm 凿刀即可。

12

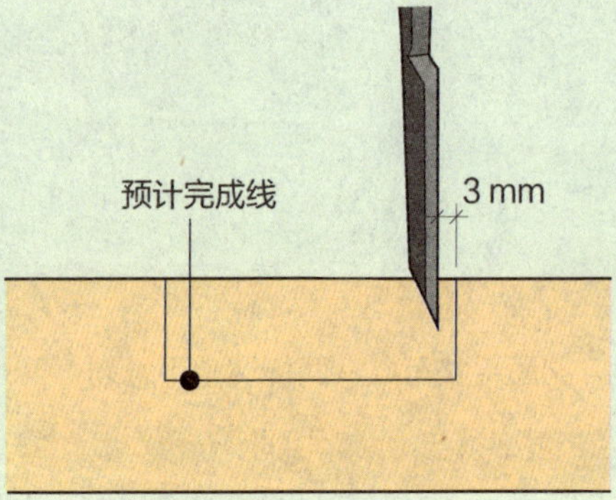

钢面距离完成线 3 mm，放在榫孔宽度中间，钢面垂直，用力敲下第一刀

凿孔前先固定工作对象，第一刀需距离完成线 3 mm 左右，原因是敲击时，虽然大多往斜面推压木料，钢面部分还是会有些许压挤，容易造成过线。

13

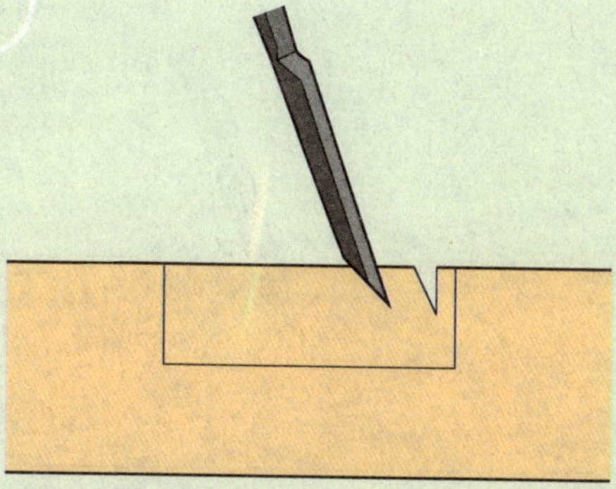

敲入后以斜面角为支点用力推，让木料剥离。斜着敲击，顺着斜面滑入，把木屑取出。

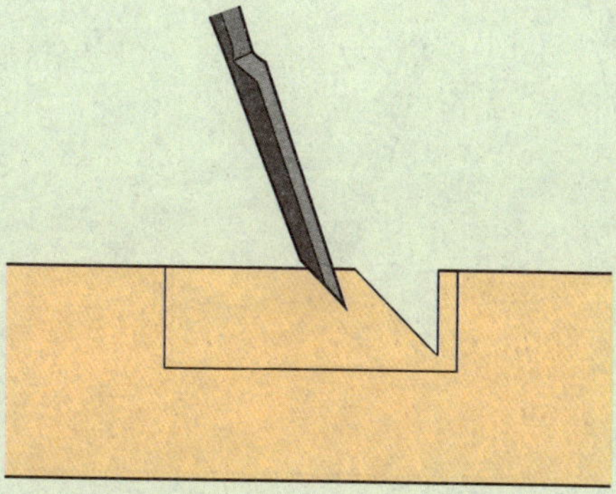

重复动作让孔洞变大。

14

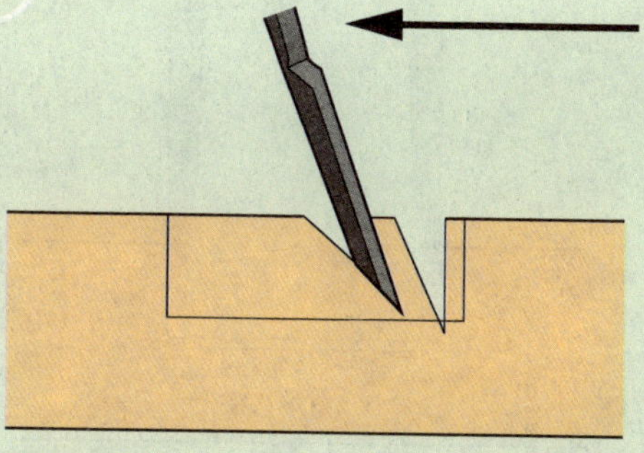

如上，继续重复动作让孔洞变大。

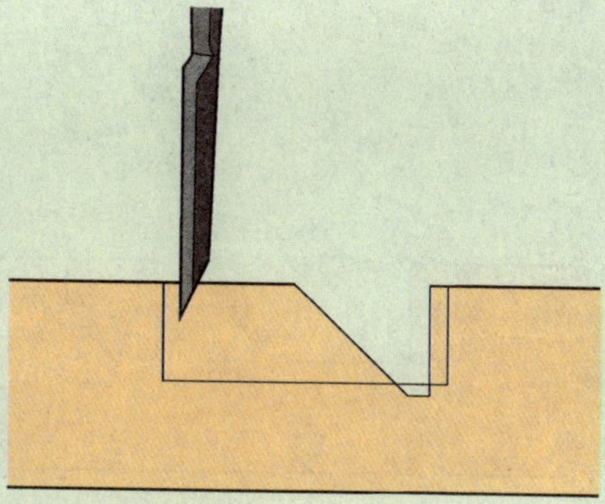

另一侧用相同方式凿切。

15

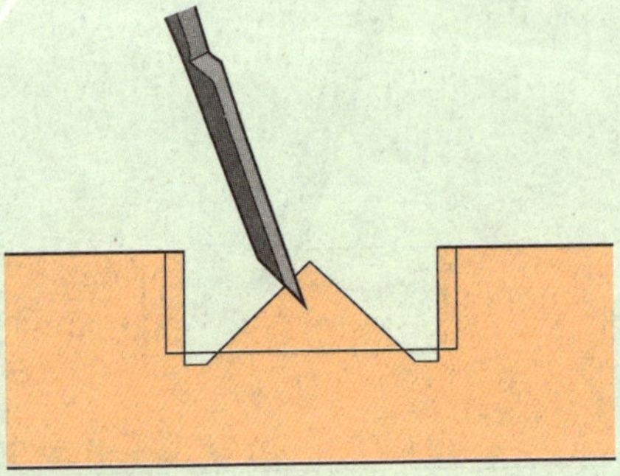

中间部分继续深入推压剥离。

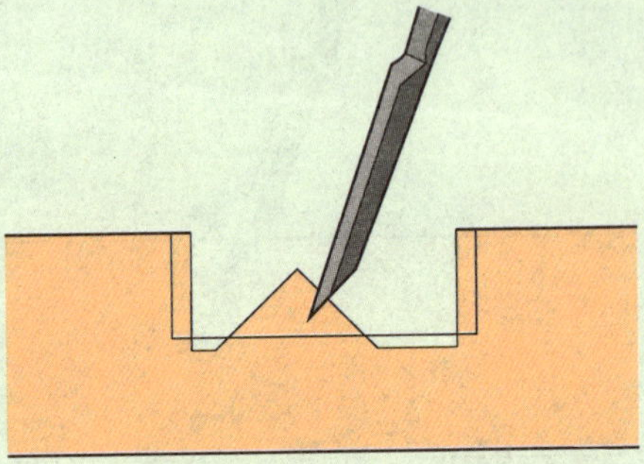

无法剥离则从反侧将木头凿断。

16

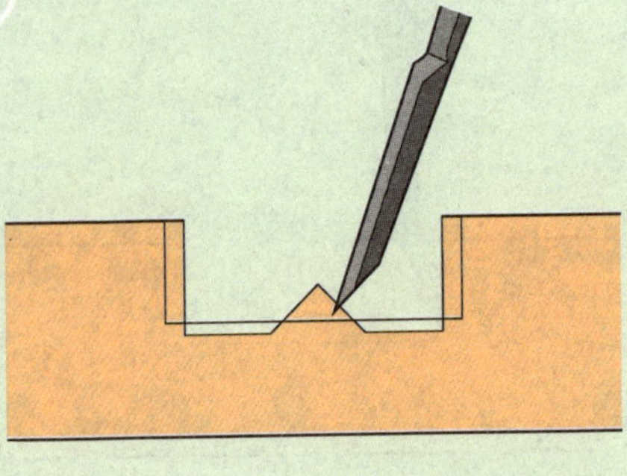

两侧重复去除，最后底面无法很平整。

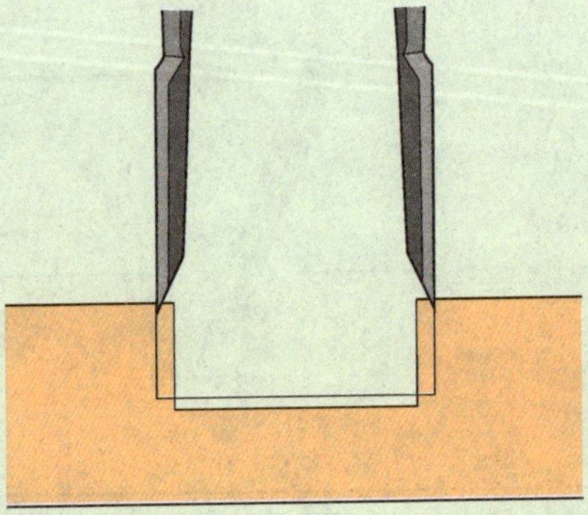

所以凿切时，要比须完成的深度还深才行。

17

这时再回头修侧壁与角落。

18

榫孔完成后，锯切下横挡三缺榫纵开（上图）与横断（下图）。纵向锯切，注意预留量及木料固定。

19

修饰三缺榫头。纵向凿修不要靠到榫肩（上图）。端面凿修（下图）。

20

最后推修将纵向尾端分离，注意大拇指需在凿刀上控制着力道与方向，这也是本书第 34 页所提的安全问题，木料也务必靠着止木。

21

短向榫头试装，长向图面上略宽 0.2 mm。试装榫头时，短向可以手推入而不用敲击最佳，但拿起横挡不可以脱落。横挡宽度如果过大，为正常现象，因最后还需要刨光、砂磨，才能使之密合。

22 锯切鸠尾榫榫头

外侧朝向自己，以便锯切时能够看到线。

线锯去除时尽量别预留太多。

从此方向纵向凿修没有顺、逆纹理问题。

最后尾端顺纹理分离，由于剩下不多，顺、逆纹理问题不大。

23

凿修端面时因面长，可以利用角料辅助凿修。

凿修端部可以取一角料，厚度大约 30 mm，不可以太厚或太薄，对齐刀线，紧紧固定于工作桌，木料贴合与凿刀放置务必呈直角，压紧凿刀贴合凿修。

24

放样榫孔——可将工程笔笔芯磨尖，增加线的精准度。

内侧面需画 14.5 mm 的退缩线，接着对齐刀线，笔稍微打斜让线更贴合。

25

放样榫孔做好后，用鸠尾规将线补足。

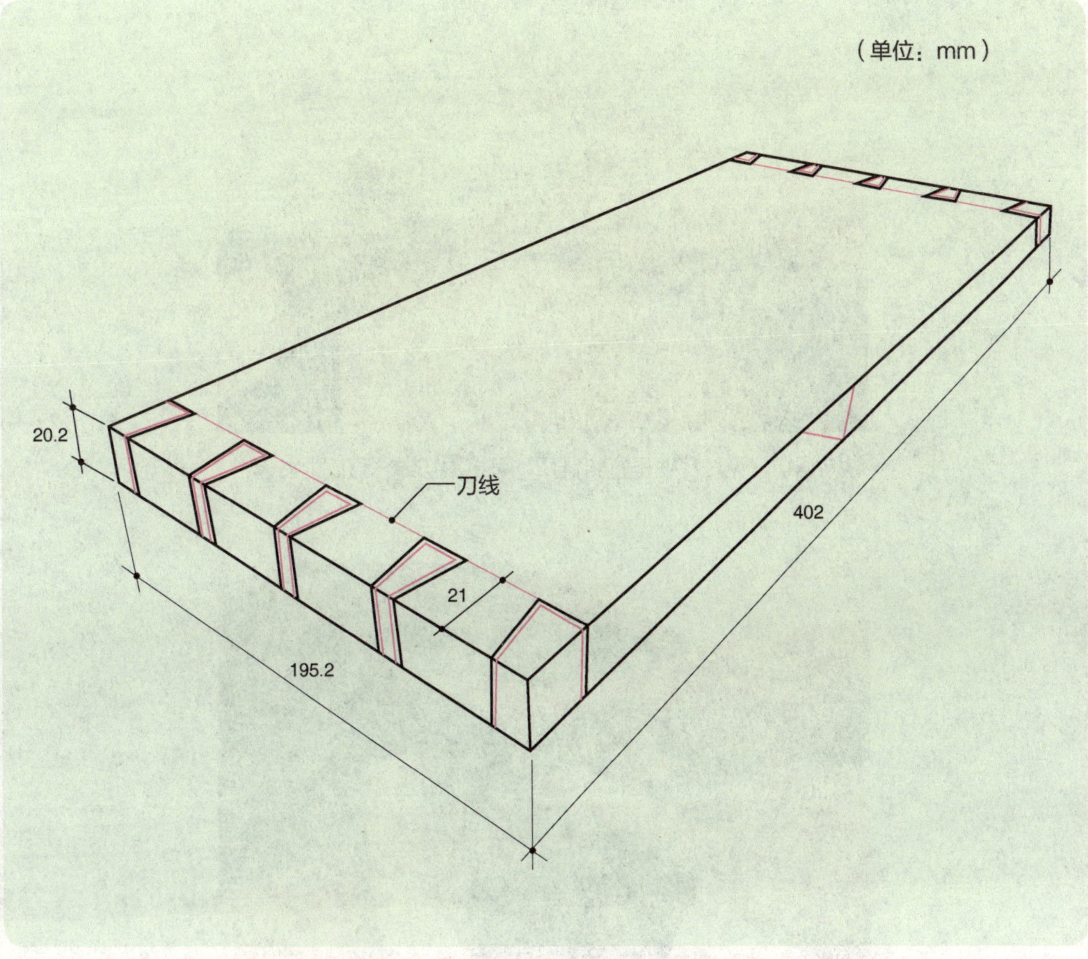
（单位：mm）
20.2
刀线
402
21
195.2

26 榫孔锯切

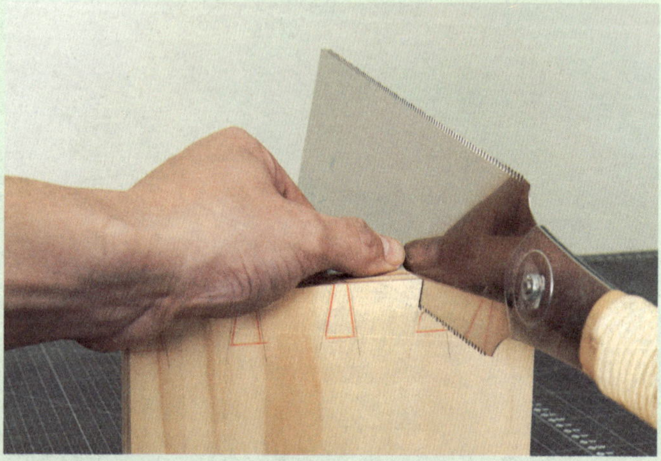

纵向锯切，无法将锯子打斜锯切，可将锯切线垂直底面。

两侧横断可以直接使用双面锯。

中间横断使用线锯。

由于此方向凿修两侧皆为顺纹理，务必以虎钳固定好木料，不可徒手固定。

27

以直角木料固定，并用三角榫凿凿修端面。

28

试组装时，将木料打斜让小榫头部分先放入再转正，才不会伤到边角。

29

刨斜 45°，木料固定于虎钳上，初期可将刨量调多，以加快速度。刨削量调厚，记得木料有四个面要刨，可一次先刨削完四面再调刨量，如此可以避免调来调去。

30

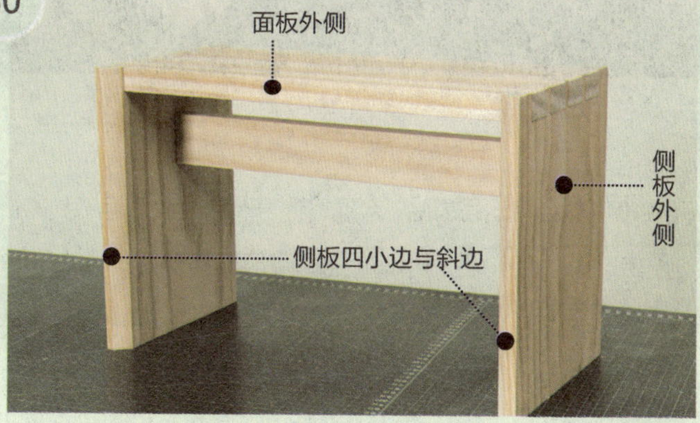

刨光与砂磨木料时，需要考虑到未来无法完全砂磨或刨光的地方，以及在上胶前就必须完成刨光与砂磨。除了图中标记处不需处理完整，其他地方在上胶前就需做到完成时的砂磨细致度。

31

因砂磨刨光会将记号去除，必须将记号改到上胶后遮不到的地方。

刨光完成后，我们还是可以快速知道所对应的位置。

32 **木料刨光后，砂磨仅需使用 320 号或加上 400 号砂纸。**

可以将砂纸贴于平整木块上或使用砂磨推把，不建议手拿砂纸研磨，那样容易导致不平整，也要注意榫头处不可多磨，鸠尾三角形磨了榫头就变小变松了。

使用砂磨推把也必须注意榫头处不可研磨过多，造成榫头过小。

33

小面积位置必须贴合平整后才可砂磨，研磨过程也必须贴平，才不会把平面磨成凸面。砂磨小面积，可将砂磨块速度放慢些，比推把好控制。

34 成品有组装顺序，我们先将两侧固定后再组装上板。

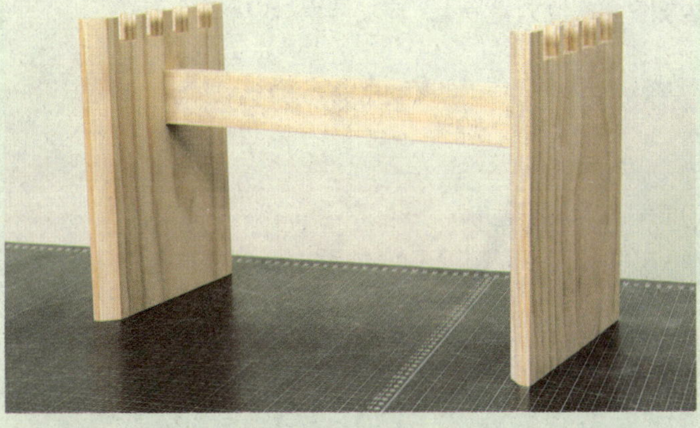

测试组装可以顺便检查整体问题，此时还很容易修整。

组装无法用手直接下压时，可以使用香槟锤敲击，但不可太用力，大力敲击还是会使木料损伤，另外也可垫木头用铁锤敲打。

35 制作专用垫木可以使榫接更密合，鸠尾榫上胶如果夹在内侧，夹具的力量很大，容易使木料变形。

组装胶合前，先利用F形碳钢夹（见下页图）来做整体试组，这时候还没涂胶合剂。夹具不可以直接固定于工作对象上，必须使用垫木，而垫木最好厚度大于5 mm。通过试组可以发现哪边无法固定，必须制作专用的垫木（如上图）来辅助固定。

36

试组发现无法密合的地方，可以做标记，拆开后可以再修整，使之密合。如果等到后续上完胶才发现对象无法顺利固定，可能让上胶更为手忙脚乱。F形碳钢夹在固定时容易造成工作件扭曲，而一件作品上胶、上夹时，有时需要非常多的夹具，因为我们无法明确知道哪只夹具错误，调整我们认定可调整回的那只夹具，有负负得正的意味。

F 形碳钢夹注意事项

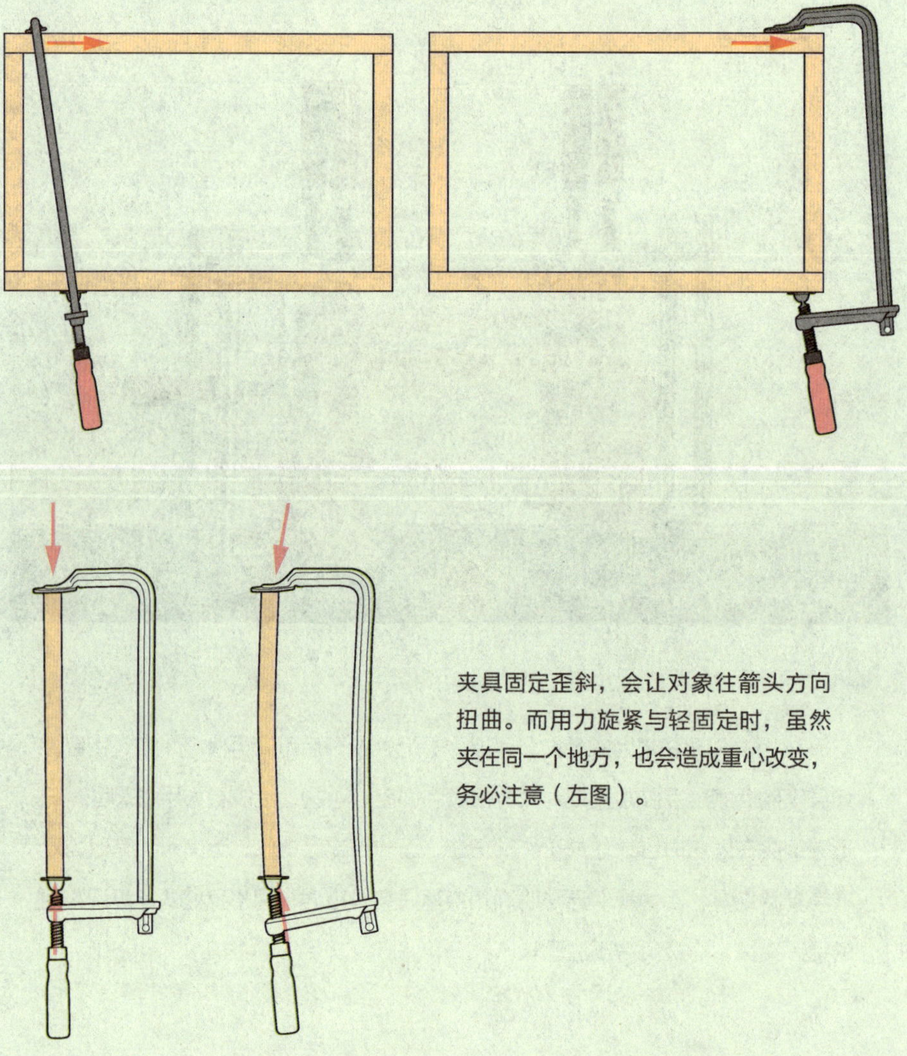

夹具固定歪斜，会让对象往箭头方向扭曲。而用力旋紧与轻固定时，虽然夹在同一个地方，也会造成重心改变，务必注意（左图）。

37

经过试组，上胶所需的用具都备齐了。上胶时胶量不用太多，适当即可，过多会导致溢出，还需要擦拭也造成浪费，且孔内还容易造成无法密合。这时还需要擦拭布将多余的胶去除，并非要擦洗作品，擦拭布略湿、拧不出水的程度即可，若胶较为顽固难以清除，也可使用牙刷辅助。若胶没有去除干净，上漆后会非常明显，变成缺点。

38

刨修端面时可以将压铁敲退，使用较为省力，端面不会有逆纹理状况，压铁本来就无作用

胶干大约需要一天的时间，拆除夹具后要刨修凸榫，凸榫刨修方向通常是由外向内，且内侧有木料顶住。若刨修方向错误，会造成角落断裂。

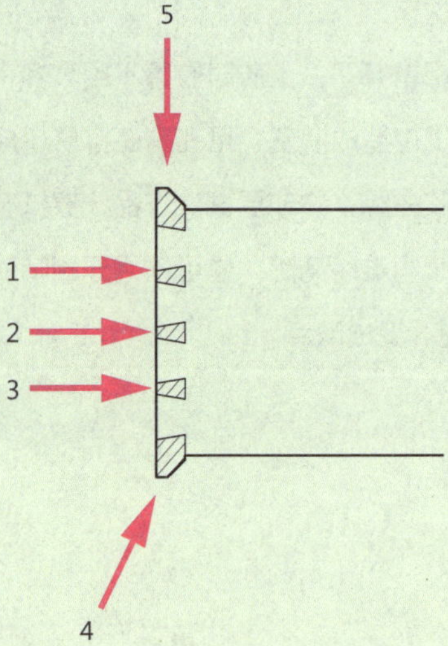

刨修端面顺序是先将中间的1、2、3修平，4与5记得由外向内，如箭头方向

39

接着将所有外侧面，顺着纹理砂磨顺滑。

40

最后将所有锐角，利用砂磨块倒角，使其平滑。

小凳子完成!

后记 | 郭子荣

记得刚开始学木工时，接触到的刨刀、锯子种类繁多，常不知适不适合初学的自己，选择上也没有明确的方向，只知道不间断地用多种刨刀、凿刀等，进行锯、刨、切练习，很多技巧都是在这个过程中摸索出来的，也有意识地注意姿势与气力的配合，再挑选出适合自己的工具。

其实，木工制作方法没有哪种是绝对正确的，制作过程中更需要不断思考，找出适合自己的做法，而这往往比埋头做许多家具更重要。初学之后的提升过程会接触到更多机器的运用，而机器的运用需要制作辅助的工具，以及思考使用上的安全性。

比起“做木工”，我们更应该思考“如何做木工”。与大家共勉之。

图书在版编目（CIP）数据

木工基础手工具 / 郭子荣著. -- 南京 : 江苏凤凰文艺出版社，2019.3
ISBN 978-7-5594-3245-2

Ⅰ. ①木… Ⅱ. ①郭… Ⅲ. ①木工－基本知识 Ⅳ. ①TS68

中国版本图书馆CIP数据核字(2019)第016046号

书　　名	木工基础手工具
著　　者	郭子荣
责任编辑	孙金荣
特约编辑	段梦瑶
项目策划	凤凰空间/翟永梅
封面设计	张僅宜
内文设计	张僅宜
出版发行	江苏凤凰文艺出版社
出版社地址	南京市中央路165号，邮编：210009
出版社网址	http://www.jswenyi.com
印　　刷	固安县京平诚乾印刷有限公司
开　　本	710毫米×1000毫米　1/16
印　　张	12
字　　数	135千字
版　　次	2019年3月第1版　2023年3月第2次印刷
标准书号	ISBN 978-7-5594-3245-2
定　　价	60.00元